青少年科普丛书

EPIGENETICS
表观遗传学

〔加〕凯丝·恩尼斯（Cath Ennis） 著
〔英〕奥利弗·皮尤（Oliver Pugh） 绘
区颖怡 皮兴灿 译

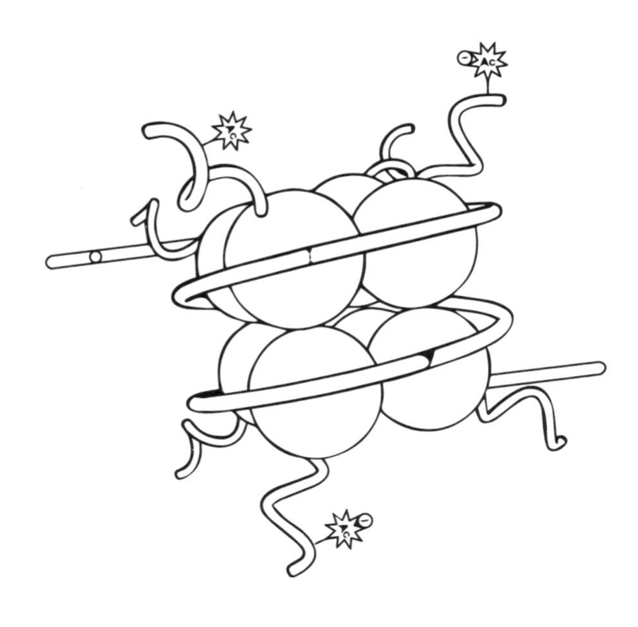

重庆大学出版社

EPIGENETICS
目 录

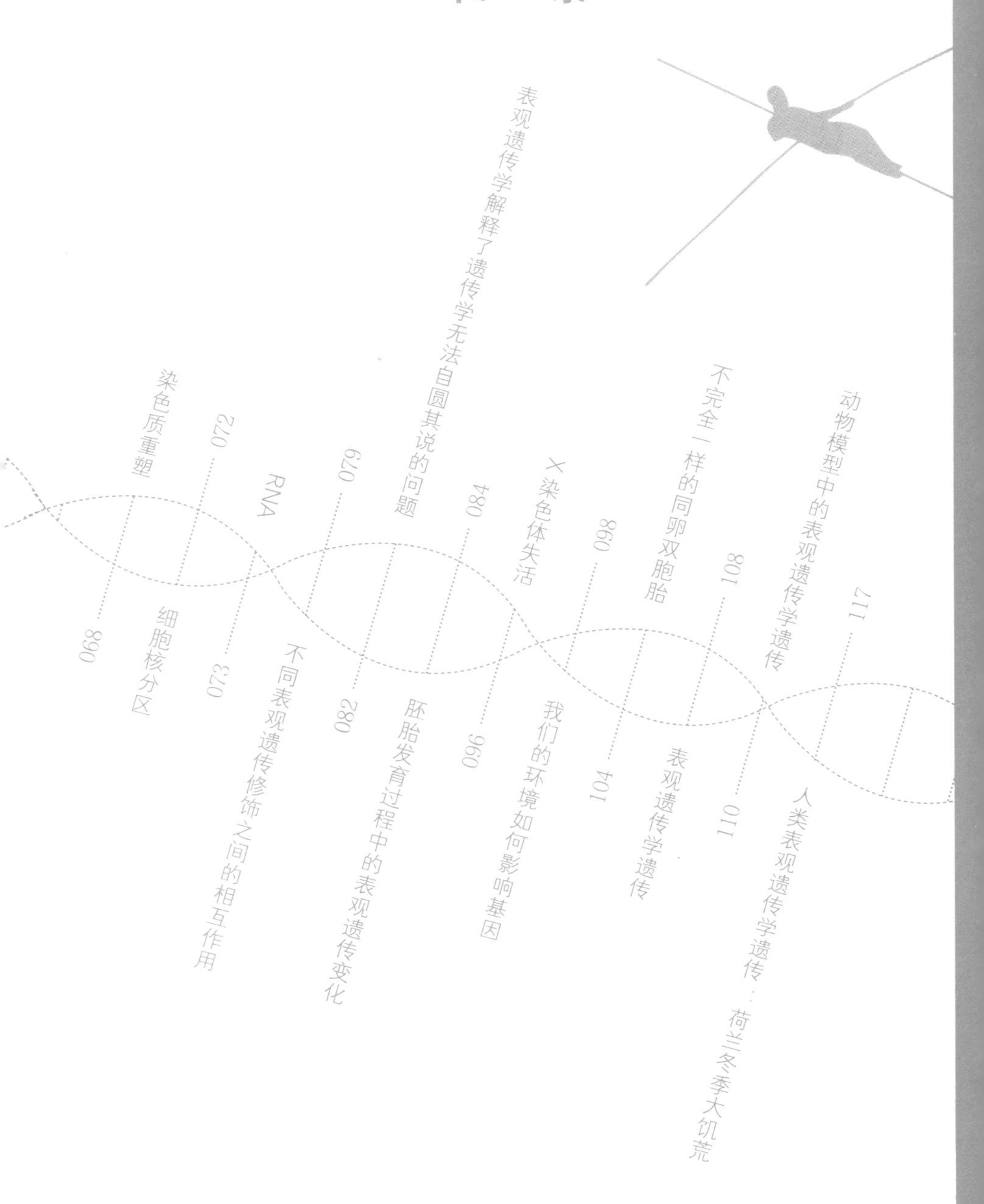

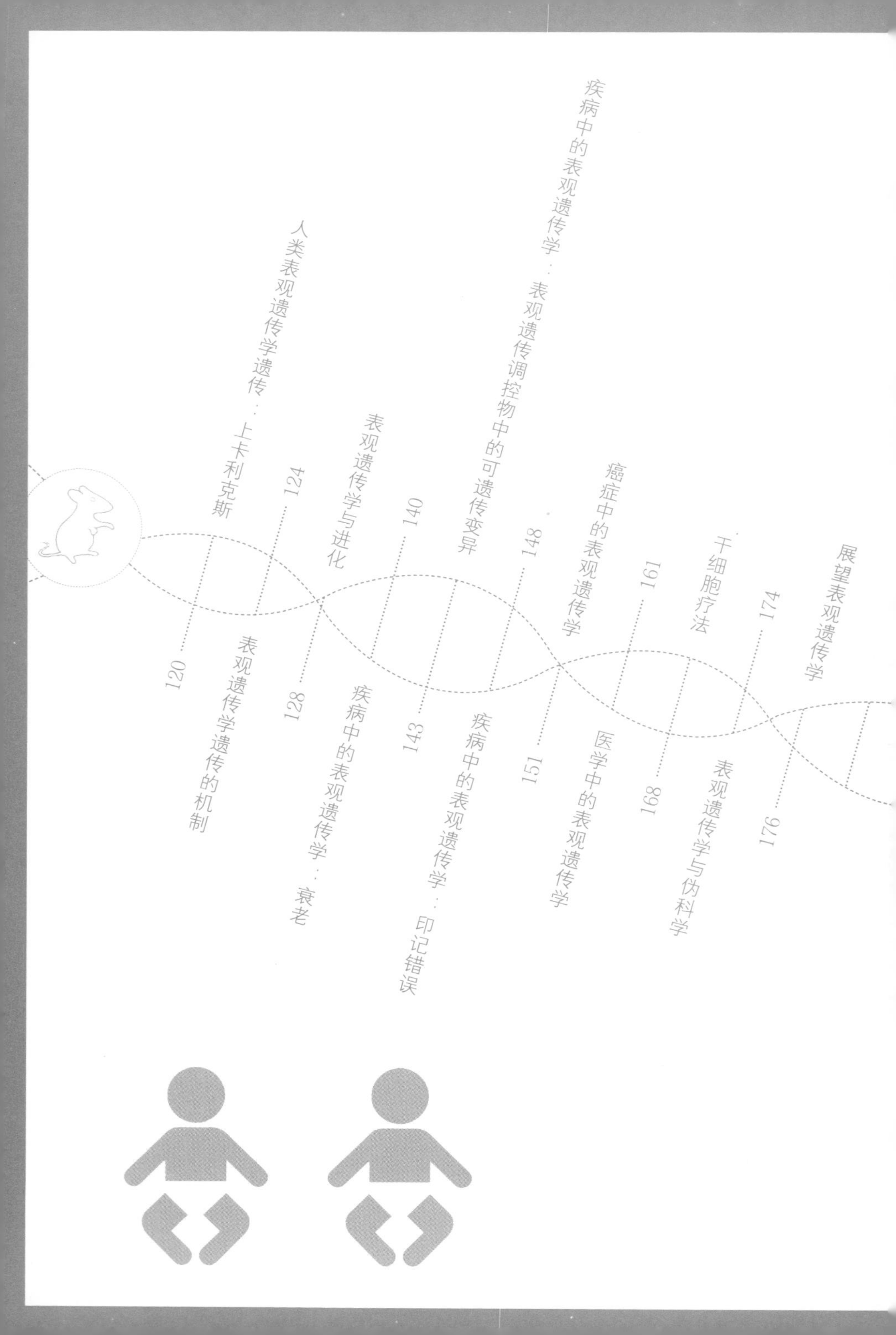

EPIGENETICS

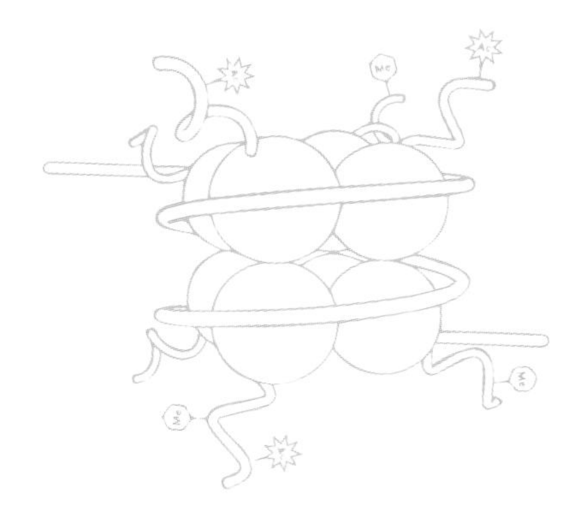

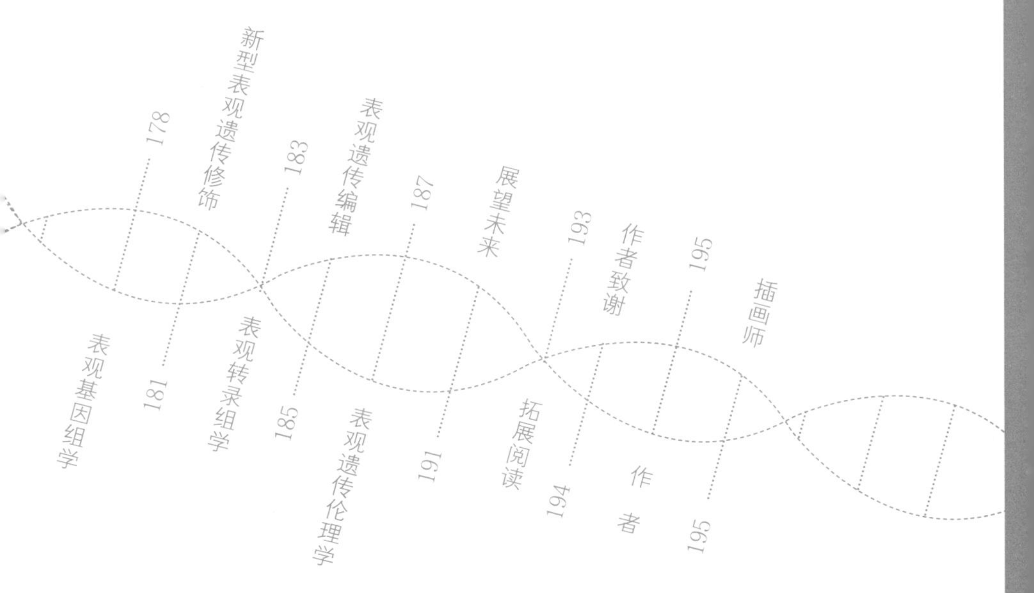

基因、RNA和蛋白质

表观遗传学（epigenetics）研究的是我们从父母那里遗传下来的基因如何受到控制，如何和环境相互作用，简言之，研究的是基因如何让我们成为——我们。

“epi-”前缀意为“在……之上”或“附加、附属”。由此可见，表观遗传学研究的是额外因素如何与基因相互作用，从而指挥细胞和身体运作的过程。

数十年来，科学家已经发现其中的一些因素，但直到最近，他们才开始化零为整，解释和填补在遗传学中出现的认知空白。从胚胎发育到物种进化，从基本的实验室研究到药物开发，表观遗传学逐渐成为一个热门话题！

为了认识表观遗传学，我们需要先了解一些遗传学的基本知识。

基因由脱氧核糖核酸（DNA）构成。DNA 是由碱基、脱氧核糖和磷酸所构成的长链，其中碱基有 4 种，分别是腺嘌呤（A）、胞嘧啶（C）、鸟嘌呤（G）和胸腺嘧啶（T）。这些碱基沿着长链排布的顺序——或者称之为序列——就组成了我们的遗传密码。

两条 DNA 长链相互缠绕，形成著名的双螺旋结构。一条单链上的碱基会与另一条单链上的碱基配对连接；盘绕的 DNA 长链如同一座螺旋形的楼梯，而配对的碱基就像楼梯上的“踏板”。A 总与 T 配对，而 C 则总与 G 配对。

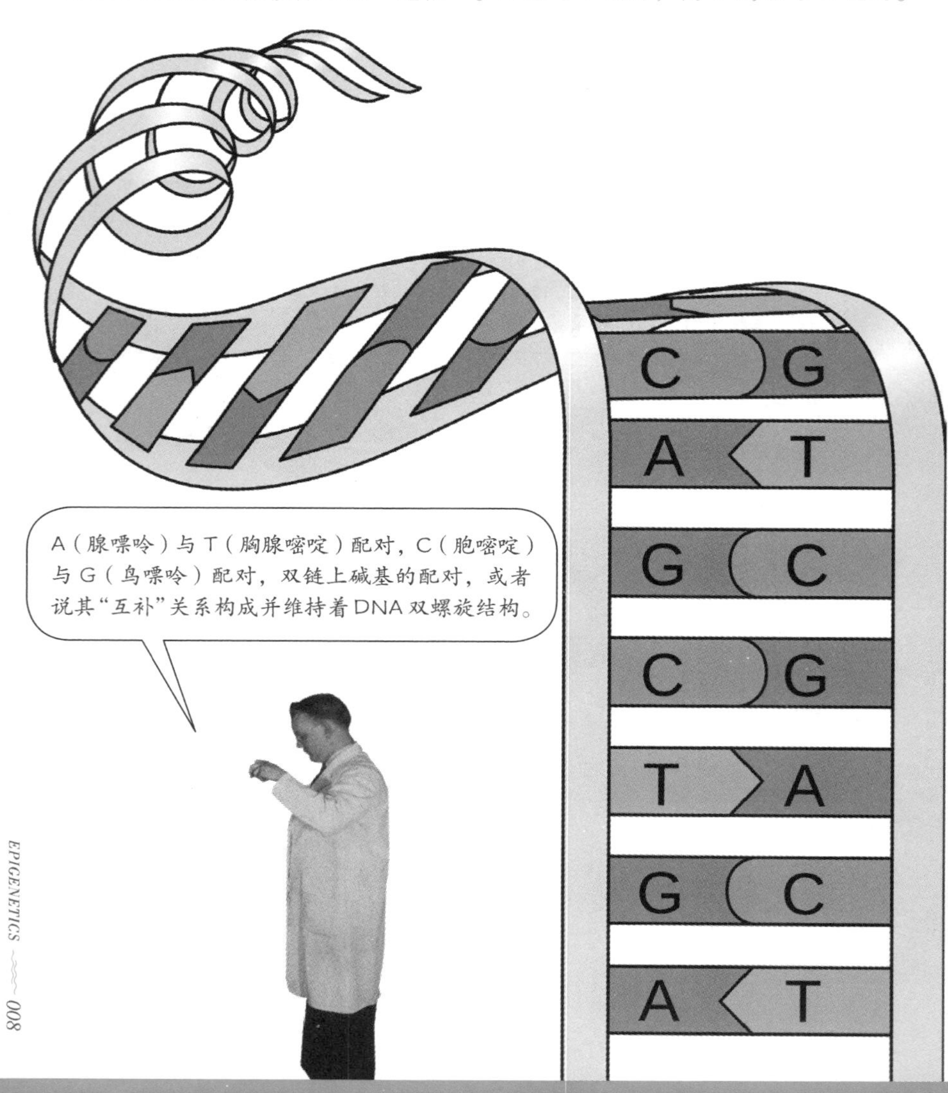

A（腺嘌呤）与 T（胸腺嘧啶）配对，C（胞嘧啶）与 G（鸟嘌呤）配对，双链上碱基的配对，或者说其“互补”关系构成并维持着DNA 双螺旋结构。
C G
A T
G C
C G
T A
G C
A T

转录（transcription）是解读 DNA 编码指令的第一步。转录过程中，部分双螺旋链解开，其中一条单链上的碱基与新的配对（“互补”）碱基分子结合。新配对的碱基串联组合成核糖核酸（RNA）单链。RNA 和 DNA 相似，但相比于 DNA 的双螺旋长链，RNA 是单链结构，长度较短，结构较不稳定，流动性较强。

有些类型的 RNA 能通过细小的孔隙，挤出包围着细胞核的核膜。DNA 体形太大，无法穿过核膜，所以这些 RNA 分子扮演着信使的角色，将编码信息从基因传递到细胞的其他部分。

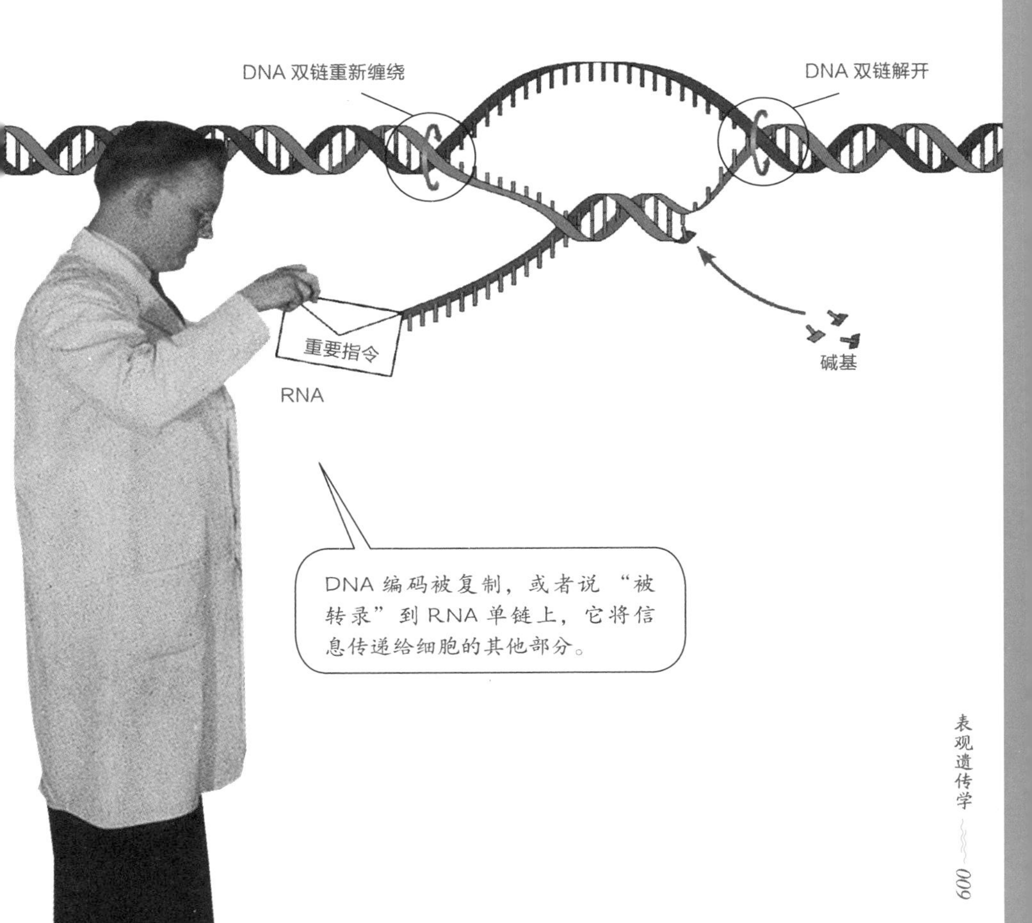
DNA 双链重新缠绕
DNA 双链解开
重要指令
RNA
碱基
DNA 编码被复制，或者说“被转录”到 RNA 单链上，它将信息传递给细胞的其他部分。

一些离开细胞核的 RNA 被称为信使 RNA（messenger RNA，mRNA）。mRNA 是 DNA 片段的副本，它们携带着能指导大分子物质——蛋白质（protein）合成的编码信息。

蛋白质极其重要。蛋白质有成千上万个种类，功能各异。许多蛋白质能协助控制化学反应，维持细胞的生命和健康。例如，转录过程中，在解开 DNA 双螺旋结构、将游离的单个碱基组合到 RNA 单链上时，蛋白质就需要发挥作用。其他蛋白质会参与到消化食物、抵抗感染、将氧气输送至全身等过程中，除此之外，它们还有成千种不同的功能。

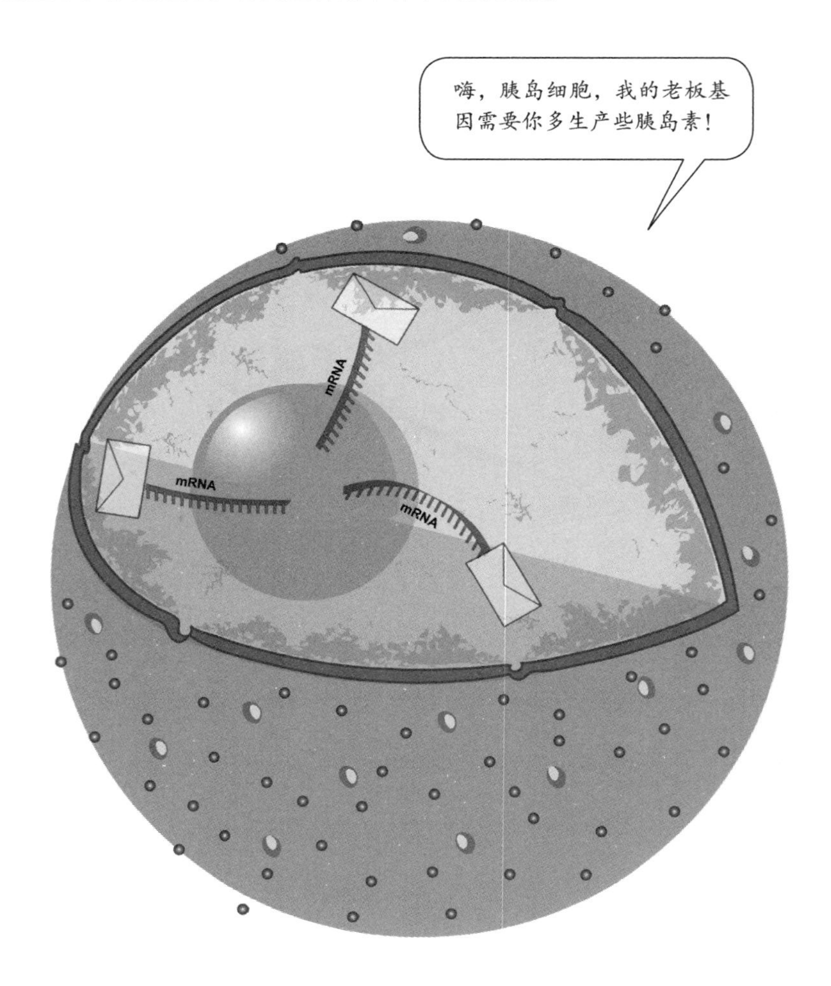

按照 mRNA 序列合成蛋白质的过程称为翻译（translation）。

mRNA 上，每三个相邻的碱基编成一组，构成“密码子”（codon），密码子与转运 RNA（transfer RNA，tRNA）一端上的三个碱基互补配对。而转运 RNA 的另一端携带氨基酸（amino acid）分子。氨基酸分为很多种类型，每种氨基酸只能附着于与特定密码子互补的 tRNA 上。

正如碱基是构建 DNA 和 RNA 的基石，氨基酸也是筑成蛋白质的砖瓦。tRNA 依循 mRNA 单链上的密码子顺序逐一配对连接，其携带的氨基酸也按照相同顺序聚合成链。

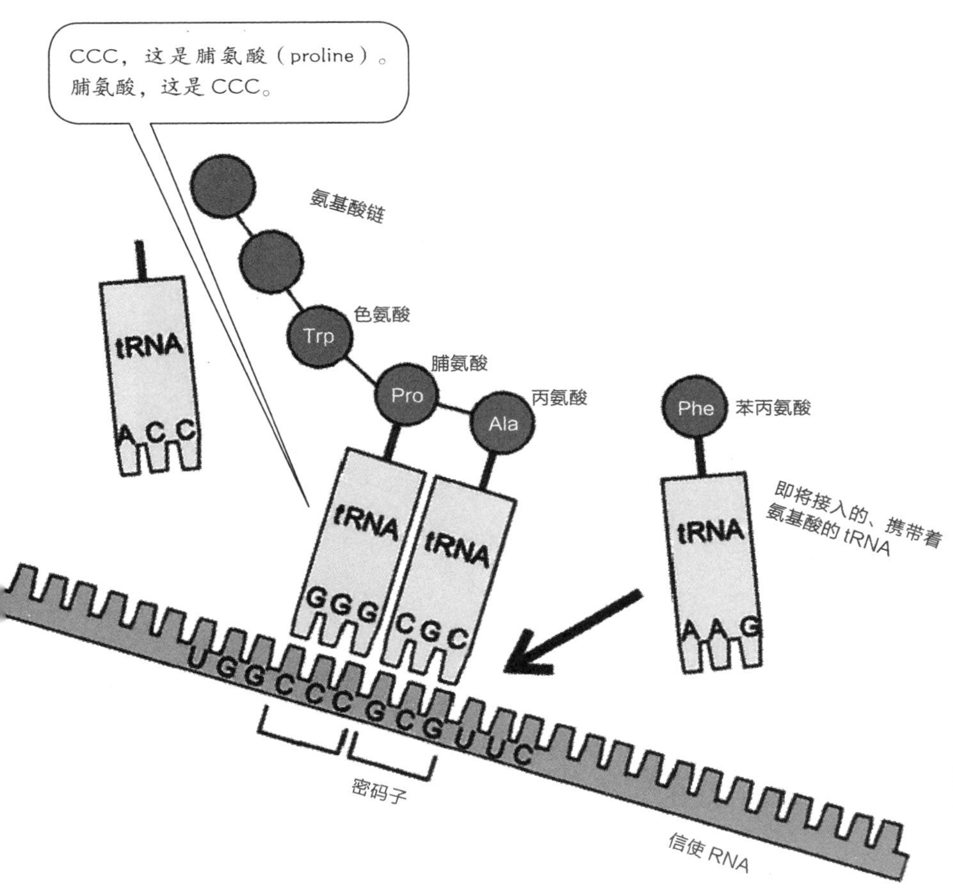

每种蛋白质的氨基酸序列都是由对应 mRNA 上的密码子序列决定的，因此和 DNA 上的碱基序列一致。mRNA 的密码子和配对的 tRNA 分子之间存在非常特异的对应关系，理论上一个 tRNA 分子只能携带一种氨基酸，这是将 DNA 编码转换成蛋白质的关键。

蛋白质中的氨基酸序列决定其功能。正如我们在前面提到的，蛋白质的功能是生命的基础。这就解释了为什么 DNA 如此重要——因为 DNA 里包含了所有指挥细胞和身体运作的指令。

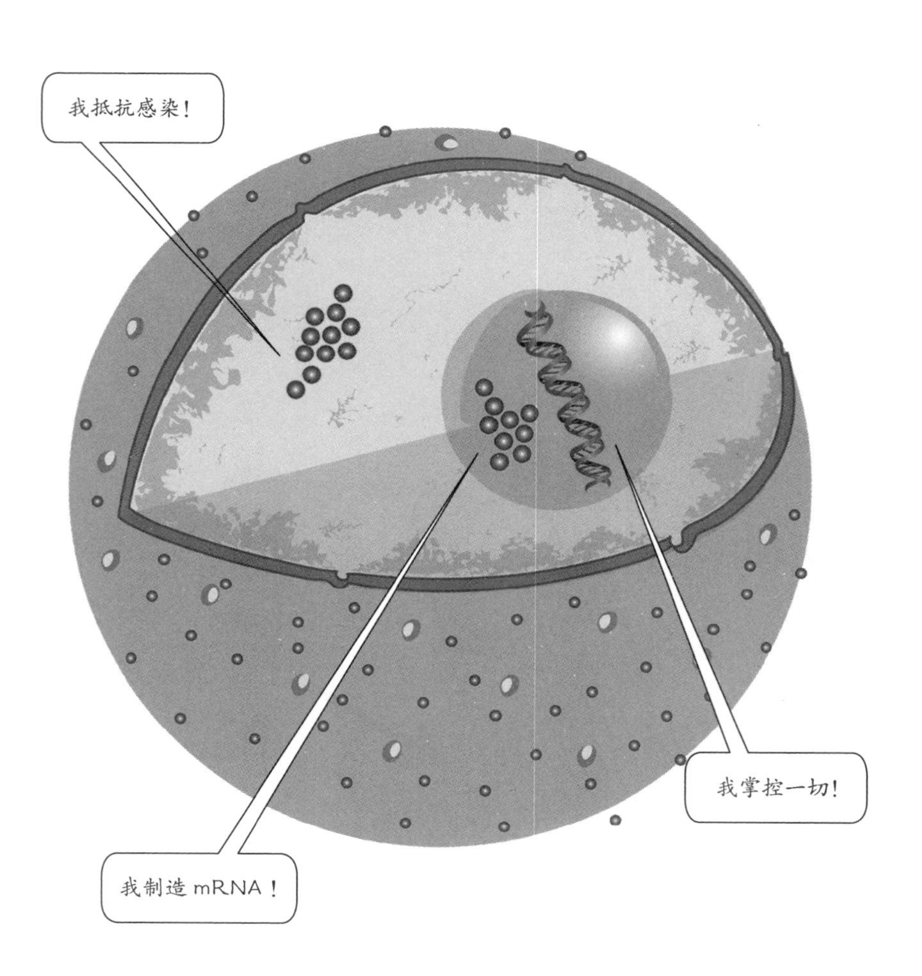

染色体、核小体和染色质

我们体内所有的 DNA 序列被称为基因组（genome）。虽然全人类拥有极其相似的基因组，但是我们每个人的基因组序列都略有差异。几乎每一个在你体内的细胞都拥有一份独一无二的人类基因组副本。

人类基因组由 23 对染色体（chromosome）组成，染色体成对存在：每对染色体中，其中一条染色体来自母亲，另一条来自父亲。最长的人类染色体包含约 2 600 个蛋白质编码基因，而最短的染色体只包含 140 个基因。基因之间由非蛋白质编码的 DNA 片段分隔开来。

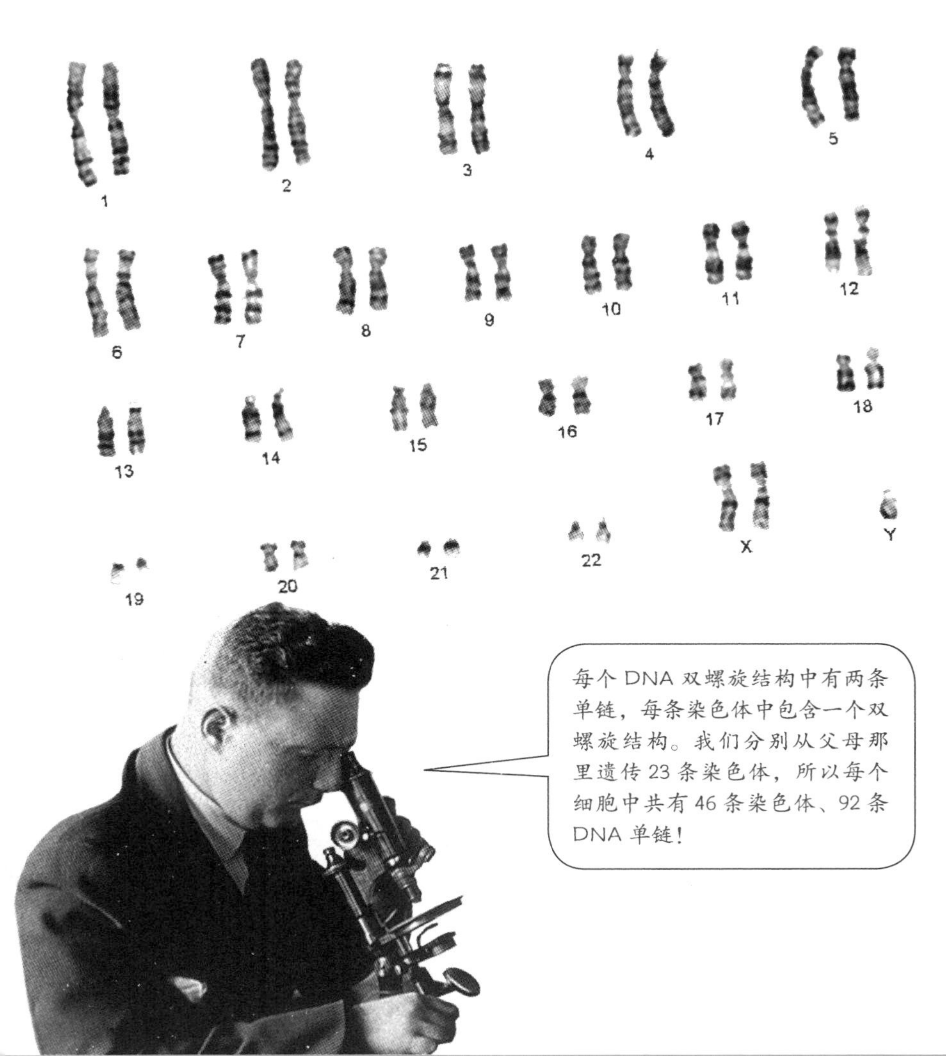
1
2
3
4
5
6
7
8
9
10
11
12
13
14
15
16
17
18
19
20
21
22
X
Y
每个 DNA 双螺旋结构中有两条单链，每条染色体中包含一个双螺旋结构。我们分别从父母那里遗传 23 条染色体，所以每个细胞中共有 46 条染色体、92 条 DNA 单链！

人类基因组中约有 21 000 个蛋白质编码基因，共包含约 30 亿个碱基对，组成碱基对的碱基包括 A（腺嘌呤）、C（胞嘧啶）、G（鸟嘌呤）、T（胸腺嘧啶）。如果将所有基因首尾相连，一个细胞内包含的 DNA 连起来大约是 1.8 米（约 5 英尺）长。所以 DNA 必须经过扭曲、折叠和压缩，才能被收进微小的细胞核中。

DNA 双螺旋先是盘绕在一簇小蛋白外部，这些与 DNA 紧密相连的小蛋白共 8 个，被称为组蛋白（histone）。每 8 个组蛋白和 DNA 结合成一个核小体（nucleosome）。沿着 DNA 链聚合的核小体就像是串在同一条绳上的小珠。

每个核小体“小珠”包含 8 个组蛋白——由 4 种组蛋白构成，每一种组蛋白各 2 个分子——和 146 个碱基对长度的 DNA。

4 种组蛋白组成核小体小珠。第 5 种组蛋白附着于相邻核小体之间的连接 DNA（linker DNA）上，也依附于每个相邻核小体内的组蛋白上。这些连接将“绳珠”压缩成更粗的链条。还有一种支架蛋白质（scaffold protein）结合到这条链上，将其盘绕、折叠、弯曲成更紧凑的结构。

DNA、组蛋白和支架蛋白的复合物，连同其他附着于整个结构上的蛋白质和 RNA，构成染色质（chromatin）。

染色质的密度因不同染色体的长度而异。你能在染色细胞的图片上亲眼观察到这种差异——染色体呈条纹状，条纹颜色越深，对应区域的染色质密度越大。

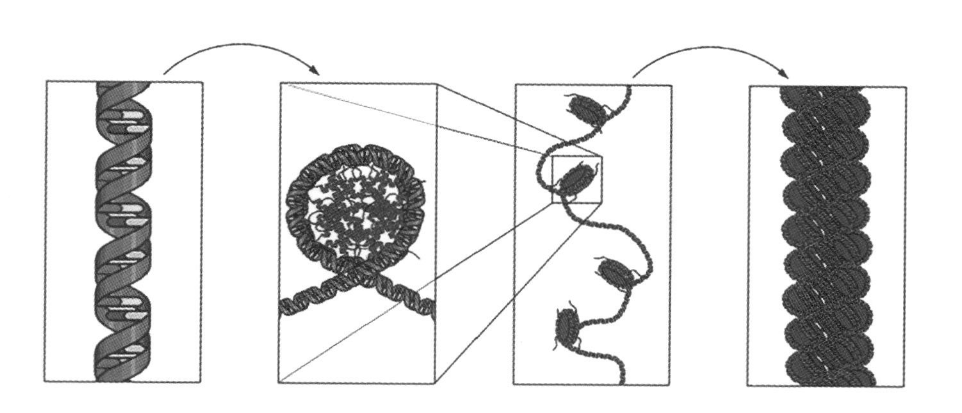

组蛋白和其他蛋白质把 DNA 压缩成更为紧凑的结构。

DNA 复制和有丝分裂

我们的身体在不断地制造新细胞，活细胞会由一个细胞分裂为两个细胞，这个过程被称为细胞分裂（cell division）。

在细胞一分为二之前，细胞需要先给自己的基因组备份。DNA 复制过程和 RNA 转录过程相似。DNA 双螺旋结构解开，两条单链间的连接断裂。每条单链上的碱基重新与新的互补碱基配对，新配对的碱基聚合串联成新的 DNA 链。

这一过程完成后，最终产生两条双螺旋链，每条双螺旋链由一条原细胞的旧 DNA 单链和一条新形成的 DNA 单链组成。

所有人轮转新舞伴！

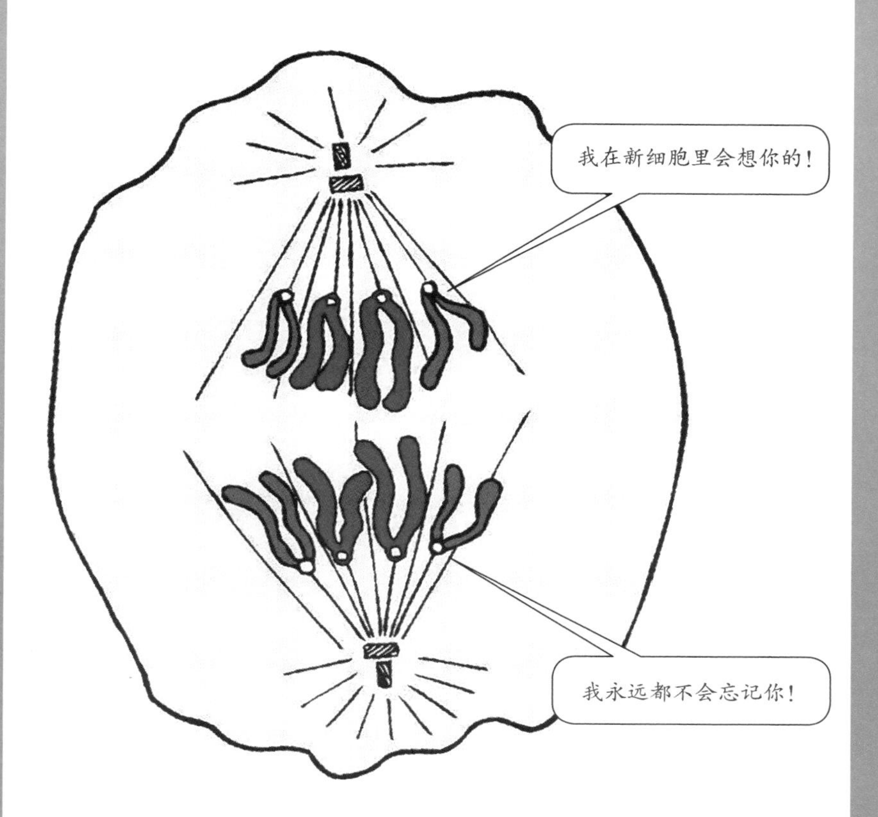

大多数细胞分裂都属于有丝分裂（mitosis），有丝分裂产生两个新细胞，每个细胞的染色体数和原细胞的一样。

进入有丝分裂期时，染色体就像一盘意大利面一样乱作一团。有丝分裂开始后，染色体逐渐分离、缩短变粗，与刚复制的新染色体配对。纺锤丝从细胞的两极发出，每条染色体由一条纺锤丝牵引。纺锤丝随后向细胞两极收缩，每对染色体中的两条染色单体被分别牵引至细胞的一极。随后细胞膜向中间收缩，形成两个子细胞，每个子细胞包裹着各自的细胞膜。

减数分裂与遗传

减数分裂（meiosis）是个体在形成卵细胞和精子细胞的过程中发生的一种特殊细胞分裂方式。减数分裂过程中，DNA 只复制一次，染色体分离两次，细胞也分裂两次。一次减数分裂会产生 4 个新细胞，每个细胞只有 23 条染色体，而不像其他大多数细胞那样有 23 对染色体。

在受孕时，一个卵子和一个精子结合形成一个细胞。父母各自遗传的 23 条染色体在受精卵（zygote）中重新配对组合，所以下一代在生命开始时会拥有和父母相同数量的 DNA。

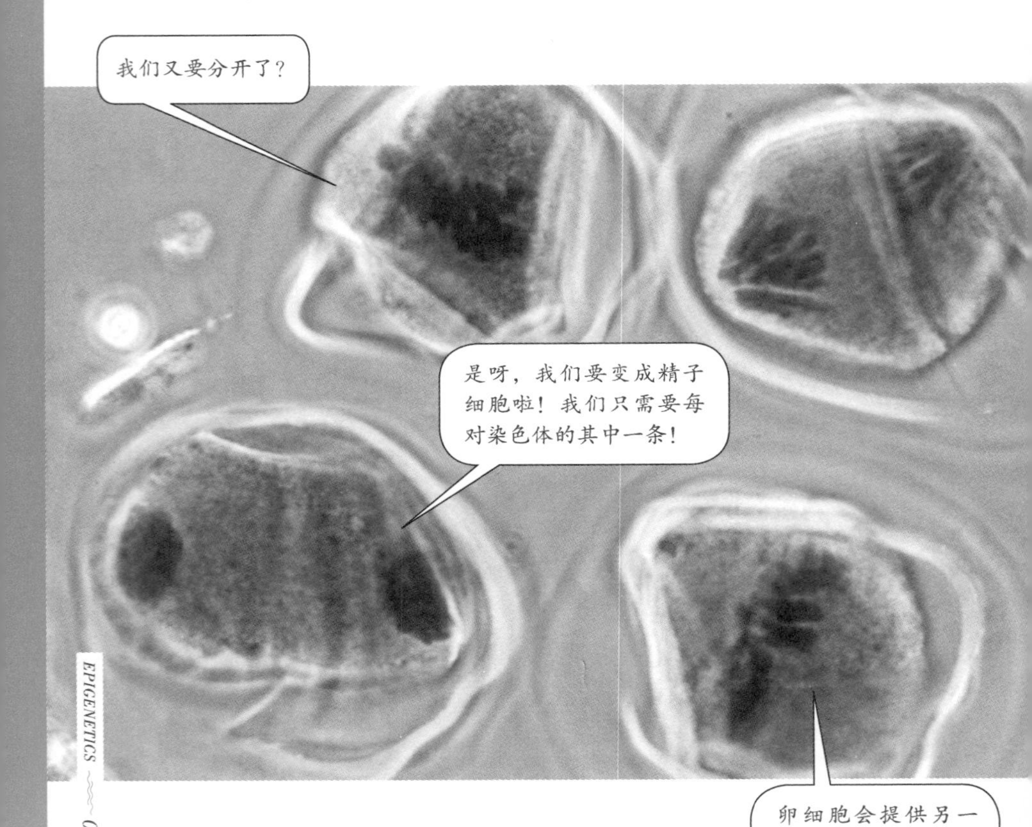

第一次减数分裂时，同源染色体联会配对，染色体之间交叉互换 DNA 片段。染色体部分断裂后，形成两条 DNA 单链片段，其中一条单链会与另一条完整的配对染色体上的互补序列组合成双螺旋结构，基因重组（gene recombination）由此发生。而这条本身完整的染色体上，因为部分单链被新来的单链所替代，所以该单链片段只能脱离出来，与断裂染色体上的另一条单链配对。每一处断裂位点都会被重新填补，断裂的片段也会被接合到新位点中。整个过程不丢失任何信息，只做重新组合。减数第一次分裂结束后，减数第二次分裂便紧接着进行；自此基因重组不再发生。

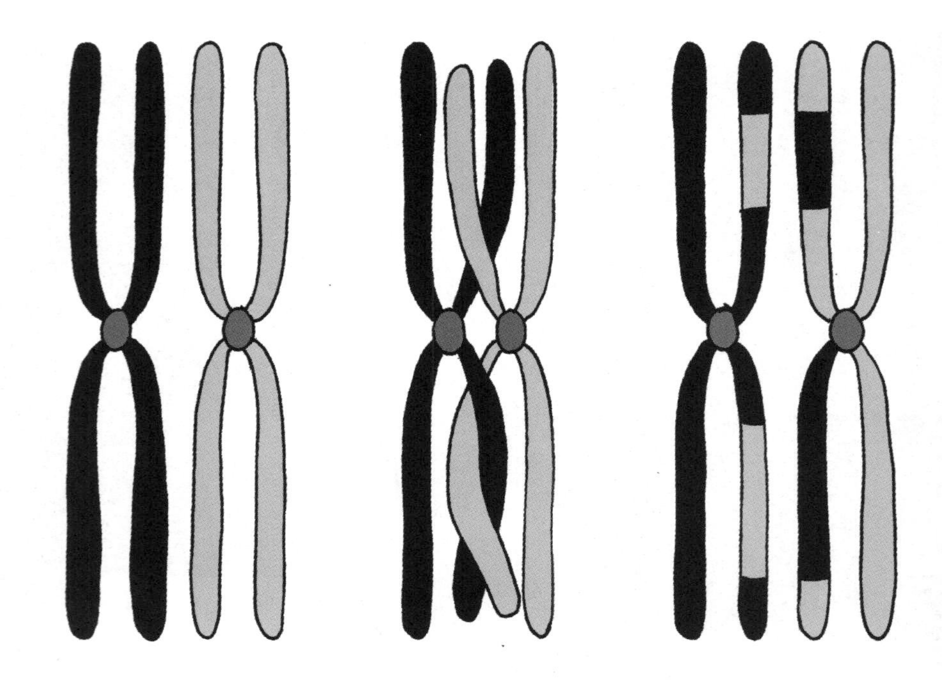

发生基因重组时，染色体片段断裂的数量和位置很随机，所以每次交叉互换的 DNA 片段都不一样。这就解释了为什么每个精子和卵细胞都是独一无二的——它们都从父母的两条染色体中获得部分 DNA，只是 DNA 的组合方式不相同。

独特的卵子和精子创造出独特的后代。你不会和父母长得一模一样，因为父母的遗传物质在遗传给你之前就已经被重新打乱；你也不会和兄弟姐妹长得完全一样，因为遗传物质的重组方式是不一样。但同卵双胞胎是个例外，他们来自同一个受精卵，只是受精卵一分为二，形成两个胚胎。

受精后，受精卵开始进行有丝分裂，制造各类所需的细胞，以发育成胚胎。这一过程十分精细复杂，要求受精卵的基因转录和翻译过程得到周密协调。

20 世纪，生物学家们开始研究并了解这一发育过程的运作原理，尤其是在 1953 年科学家沃森、克里克、威尔金斯和富兰克林发现 DNA 双螺旋结构后。生物学家们把遗传学的版图逐渐拼凑起来，但也发现了其中的缺漏。显然，只研究基因序列不足以解释遗传学的方方面面。

在 DNA 序列之外：基因调控

人体由成百上千种不同类型的细胞组成，每种细胞都有专门的功能，受到不同蛋白质组合的调节和影响。有些蛋白质在每个细胞中都会产生；有些蛋白质在部分细胞中数量繁多，但在其他细胞中则含量较低，甚至完全不存在。

原始受精卵产生身体内所有细胞类型的过程被称为细胞分化（cell differentiation）。有些细胞在经历有丝分裂时就开始分化，逐渐成为特化细胞，但有些细胞——被称为干细胞（stem cell）——会维持分化程度较低、更加全能的状态。细胞内蛋白质的组合方式会随着分化过程而变化。

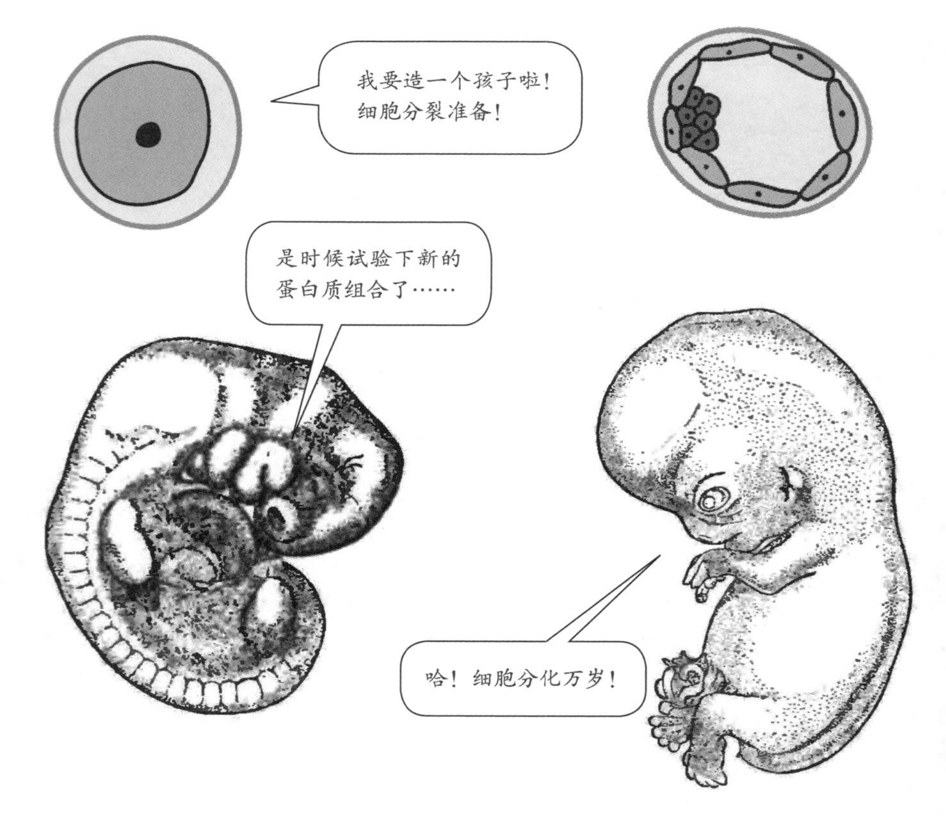

在一般的细胞分化过程中，全能的干细胞被分化成更加专能的成熟细胞，而这一过程是不可逆的。举个例子，这就能确保成熟的脑细胞不会自发还原为干细胞，在脑袋里塞满骨头或肌肉！

1962 年，约翰·格登（生于 1933 年）成为首位成功完成人为逆转细胞分化过程实验的科学家。他从完全分化的蝌蚪肠细胞中提取出细胞核，并将其移植至已被事先移除细胞核的青蛙卵细胞中，结果这个“克隆”的卵细胞发育为正常健康的蝌蚪。这个实验表明，已分化细胞保留了产生所有细胞类型所需的全部遗传信息。

从一个成熟的肠细胞中克隆出一只完整健康的青蛙！这证明细胞分化是可逆的！我真想亲亲你这个小宝贝！

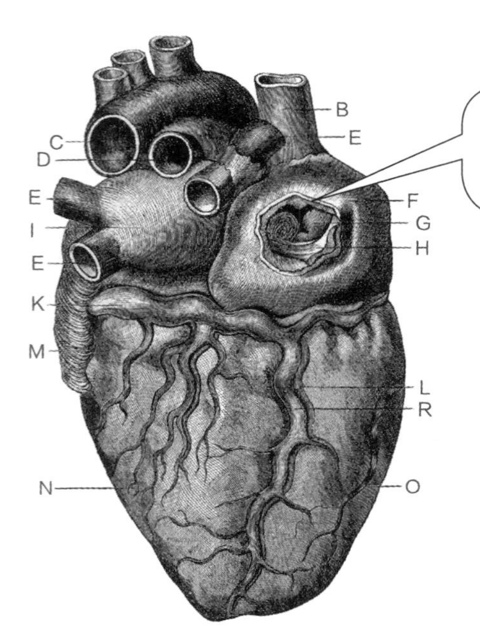
B
E
C
D
E
I
E
K
M
F
G
H
L
R
N
O
嘿，脑细胞，你是怎么制造出蛋白C的？我也有基因C，但我激活不了。

格登的研究推翻了此前的假设——细胞在分化过程中会逐渐舍弃不必要的DNA片段，只留下实现特定功能所需的基因。自格登的研究以后，现代科学已经确认，除了个别特例（比如某些奇怪的血细胞），人体内的所有细胞都具备和原始受精卵相同的DNA。但是，不同的细胞会转录和翻译不同的基因组片段。当时，人们尚不清楚细胞是如何利用相同的DNA序列产生出如此多样化的RNA和蛋白质组合的。

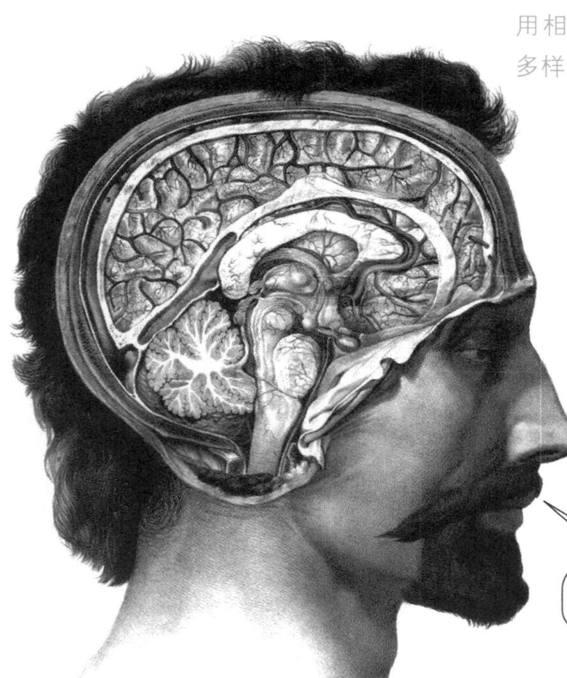
我怎么知道。这才1962年！

1978 年，香港生物化学家钱泽南（生于 1949 年）首次发现了一类能调节、激活基因表达功能的蛋白质，即转录因子（transcription factor）。

转录因子能与紧邻基因的特异 DNA 序列结合，其复合体通过转录机制产生作用。这种与特定基因结合的蛋白质组合能协助确定是否应该转录这部分基因。

有些转录因子只存在于特定的细胞类型中，而有些转录因子会参与细胞分化。然而，转录因子的存在和目标基因的激活并不总是完全相关——有时出现了转录因子的细胞中，它们对应的目标基因并没有被激活。当时的科学家并不清楚转录因子的产生过程是如何受到调控的。

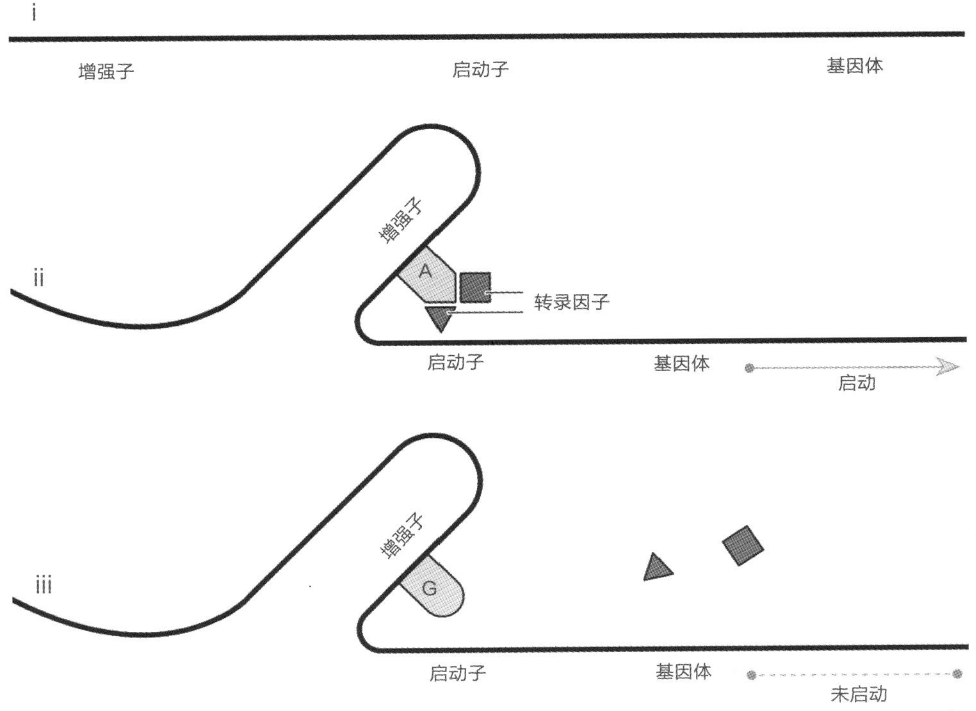

有些转录调控不能简单地通过转录因子进行解释，这意味着细胞肯定运用了额外的机制来控制特定基因。其中一个例子是印记（imprinting）。因为染色体总是成对出现，每个细胞里的每个基因都包含两份基因副本。大多数基因都是同时从两份副本中转录出来。然而，有几百个印记基因只转录自母亲遗传的染色体，也有部分基因只转录自父亲遗传的染色体。

转录因子可以与任一染色体结合。除了转录因子，肯定有其他因素也在参与印记基因的调控过程。

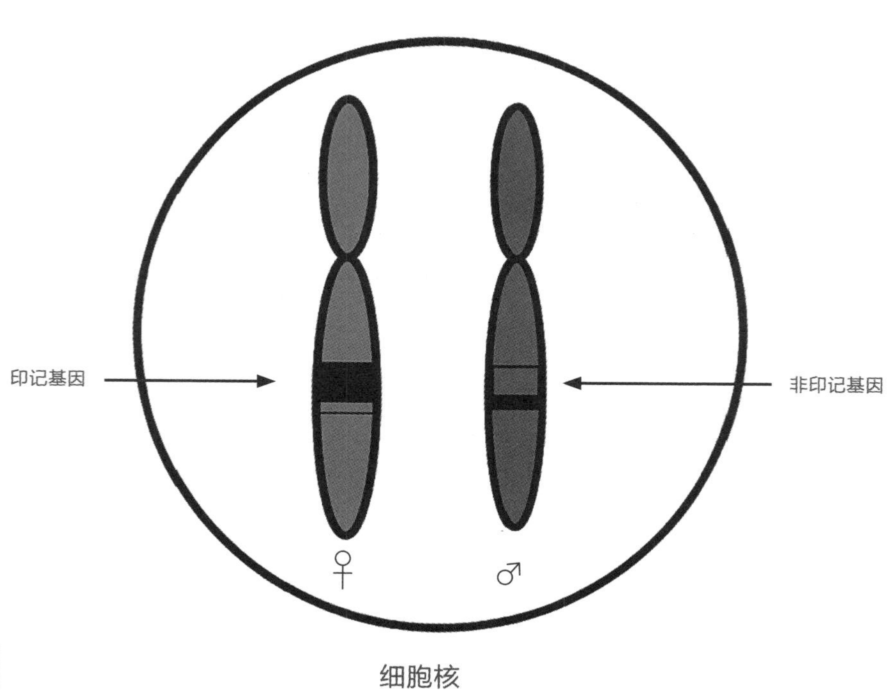

细胞核

有些细胞里，一整条染色体都会被关闭表达。一般来说（当然也有例外），雌性哺乳动物拥有两条 X 染色体，每条 X 染色体分别遗传自父母双方，而雄性哺乳动物从母亲那里遗传一条 X 染色体，从父亲那里遗传一条相对较短的 Y 染色体。

X 染色体承载的基因比 Y 染色体多得多，因此拥有 XX 染色体的细胞也比拥有 XY 染色体的细胞多出一些额外的基因副本。为了弥补这种不平衡，每个拥有 XX 染色体的细胞中，其中一条 X 染色体会呈现高浓缩和失活的状态。

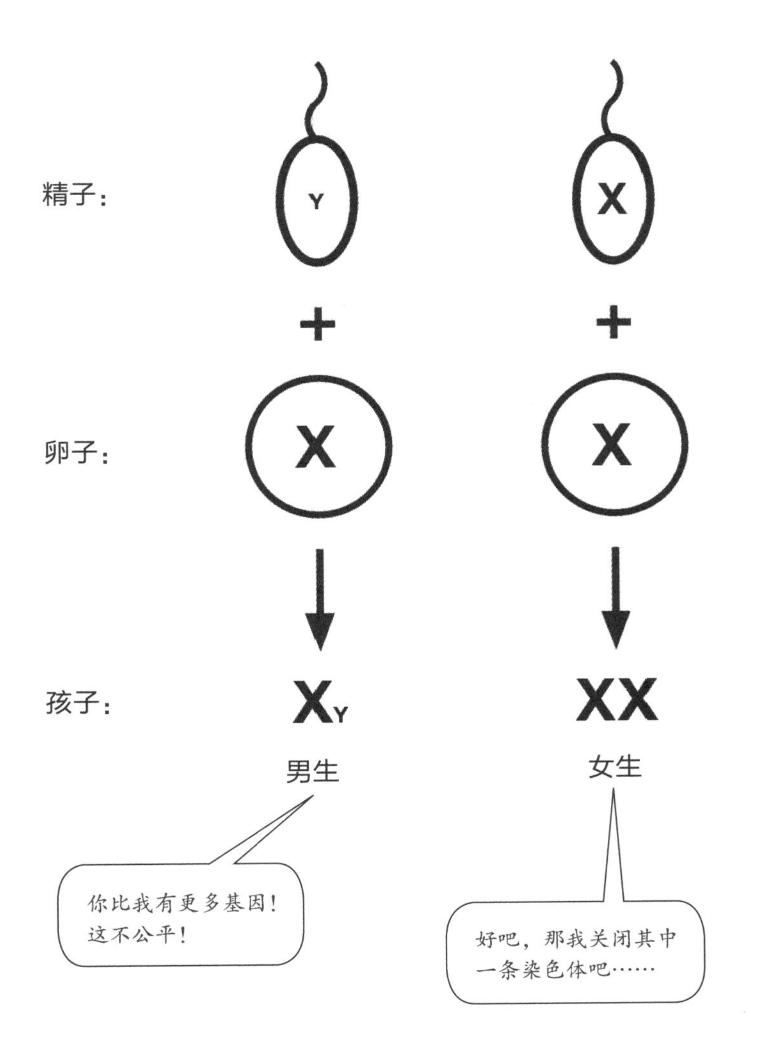

英国遗传学家玛莉·里昂（1925—2014）发现，和印记基因不同，X 染色体失活是随机的，也就是说，不同的细胞会随机关闭不同的 X 染色体。

这种随机性在三花猫和玳瑁猫中最为显而易见。雌猫（也包括带 XXY 染色体的特殊雄猫）的 X 染色体上，会遗传两套不同的毛色基因——一套为黑色，另一套则为橘色。如果携带橘色基因的染色体被随机失活，猫的毛色则呈现为黑色，反之亦然，因此产生镶嵌现象。

和印记基因相似，X 染色体失活也不能仅凭转录因子来解释。

不同细胞内的不同染色体被关闭，导致了这种毛色斑纹。
但这是怎么做到的？

先天遗传与后天环境

我们的个体性状——统称为表型（phenotype）——是先天（基因）和后天（环境、经历和其他非遗传因素）共同塑造的，这种观点并不标新立异。实际上，这种看法甚至比格雷戈尔·孟德尔（1822—1884）提出遗传定律（laws of inheritance）还早了很多个世纪。

孟德尔深入观察了不同代的豌豆如何遗传生理特征，如植株高度和花色。孟德尔的研究，连同后来发现的减数分裂基因重组，帮助我们解释了基因对我们的长相和行为的影响，解释了子女和父母长得相似却又不完全一样的原因。然而，遗传因素和我们所处环境的相互作用依然不明朗。

像植株高度这样的性状均遗传自亲代，但性状并不会掺杂混乱，它们如同独立、永恒的实体一样被遗传下来。

双胞胎研究

除了基因，还有很多因素会影响我们。比如同卵双胞胎拥有完全相同的 DNA 序列，但仍会发展出不同的性格、喜好和病史。

通过研究从小分离、成长于不同家庭环境中的同卵双胞胎，遗传学家对先天遗传与后天环境也有了更多的了解。比方说，双胞胎的某些性状，如面部特征都极其相似，这很大程度上是基因决定的；而像性格这样的性状则大为不同，这更多地受双胞胎接触的不同环境和各自经历的影响。

因为同卵双胞胎分离生活的情况非常罕见，所以大多数有关遗传率（heritability）的研究会对比同卵双胞胎和异卵双胞胎的同一性状。同卵双胞胎生活在相同环境中，并且拥有相同的基因组；异卵双胞胎也是生活在相同环境中，但彼此拥有不同的 DNA。

对啊。但是我可做不到像你那样为艺术着迷，我自小就对化学更感兴趣。

双胞胎研究告诉我们，复杂的性状受遗传和环境的双重影响。比如，约2.4% 的男生患有自闭症谱系障碍（autism spectrum disorder），这些病童的异卵双胞胎兄弟会面临更高的患病概率——大约 35%。而对于他们的同卵双胞胎兄弟来说，患病概率更是高达 75%。女生也呈现相似的情况，只是数值上有差异。显然，性状的表达既受遗传因素的强影响（如同卵双胞胎组所示），也离不开环境因素的作用（如异卵双胞胎组所示）。

一支由彼特·菲舍尔和丹妮尔·波斯蒂马带领的国际团队主导了一项长达 50 年的双胞胎研究，该团队在 2015 年发表了研究数据和成果。其研究成果表明，虽然性状之间的数据有差异，但从平均值上看，先天遗传对性状的影响为 49%，后天环境对性状的影响是 51%。

那只是平均值啦！性状之间的数值差异还是很大的！

不过话说回来，“后天环境”到底指什么？它又是怎样产生影响的？

我们对 DNA 与环境相互作用的理解，大多数来源于对疑难杂症的研究，如癌症和心脏疾病，这些疾病同时存在遗传和环境方面的风险因素。这项研究发现了一些增加患病风险的非遗传因素（如吸烟或饮食不健康）以及有益于人体的因素（如锻炼身体）。但是，要证明这些因素是如何和基因发生互动的，就困难得多了。

DNA 序列和非遗传因素都将我们塑造成人，表观遗传学领域希望能填补这两者之间的空白。

表观遗传学能帮助解释仅凭遗传学无法解释的现象——包括解释先天遗传与后天环境如何协同作用、产生影响。
MC

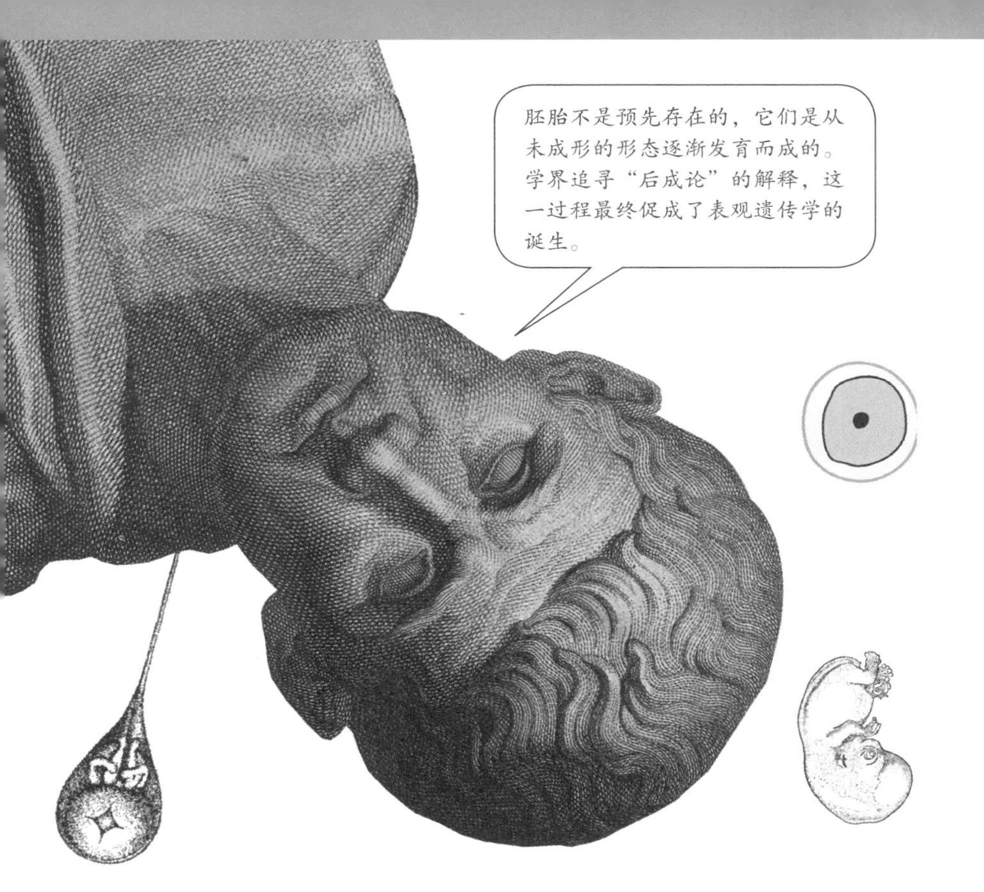

胚胎不是预先存在的，它们是从未成形的形态逐渐发育而成的。学界追寻“后成论”的解释，这一过程最终促成了表观遗传学的诞生。

表观遗传学的历史

表观遗传学（epigenetics，或者说 epigenesis，后成论）最初的定义与胚胎发育的机制有关。古希腊哲学家亚里士多德（公元前 384—前 322）提出应该用后成论替代当时的先成论（preformation），后成论认为胚胎是从未成形的简单形态逐渐成长的，而先成论则认为胚胎的形态构造在发育前就预先存在。

到 20 世纪中期，学界普遍认同，基因在胚胎发育的过程中发挥了重要作用。当时的后成论模型认为，遗传物质、蛋白质和其他未知化学物质的相互作用驱动着胚胎发育，产生身体所需的各种细胞和组织。

英国发育生物学家康拉德·沃丁顿（1905—1975）是胚胎发育后成论学说的支持者之一。他在 1942 年发表的论文中，首次将“epigenesis”（后成论）和“genetics”（遗传学）组合成新词汇“epigenetics”（表观遗传学）。

“表观遗传学是生物学的分支之一，研究的是基因与基因产物之间的因果关系（基因产物即产生表型的蛋白质）。”

沃丁顿认为不同细胞肯定存在不同的表观遗传特征，他称之为“景观”（landscape），而细胞分化涉及这种景观的改变。他将单向的细胞分化过程类比为球滚下山的过程，随着胚胎发育，球会历经一系列表观遗传景观。如果球已经滚至山下，或者说已完成细胞分化（比如分化为皮肤细胞或肝细胞），就很难将球重新推回山顶，即难以恢复至未分化的（干细胞）状态。

1958 年，美国遗传学者大卫·南尼（1925—2016）以稍微不同的说辞重新诠释了“表观遗传学”的定义，他用其指代某些仅凭遗传学无法解释的生物学概念。南尼的论文引发了关于该词真正定义的激烈讨论，讨论持续了数十年。直至今日，小范围的争论仍时有发生。

“拥有相同基因型（基因）的细胞不仅会表现出不同的表型，而且在基本相同的环境下，这种表达潜能的差异会在细胞分裂的过程中无限期地持续存在。”

“在细胞分裂的过程中……持续存在”的概念是指，成熟细胞经历有丝分裂后会产生两个相同类型的细胞（如肝细胞只能产生更多的肝细胞），两个新细胞拥有与原细胞相同的表观遗传景观和表型。这种持续性可以解释细胞分化的单向属性：如果成熟细胞分裂时表观遗传景观保持不变，那么细胞就不会分化。

大多数有关表观遗传学定义的争议点在于，在有丝分裂过程中细胞的表观遗传景观持续存在，这该不该纳入为定义的基本要素。这种持续性也被称为“有丝分裂遗传性”（mitotic heritability），因为有丝分裂后产生的两个新细胞都会遗传原细胞的基因和表观遗传景观。（这个概念类似于从父母到孩子的家族遗传，但也不完全相同。）

相对保守的现代定义认为，“表观遗传学”只是指能与基因相互作用的、且在有丝分裂中可遗传的因素。本书采纳的是更为宽泛的解释，以便涵盖在细胞分裂过程中不一定持续存在的其他因素。这一点应该会引起争议。

有丝分裂遗传性对维持表观遗传景观极其重要。

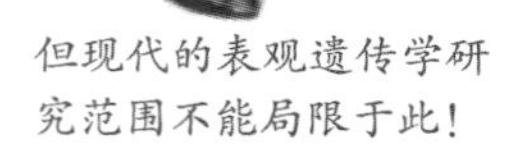

但现代的表观遗传学研究范围不能局限于此!

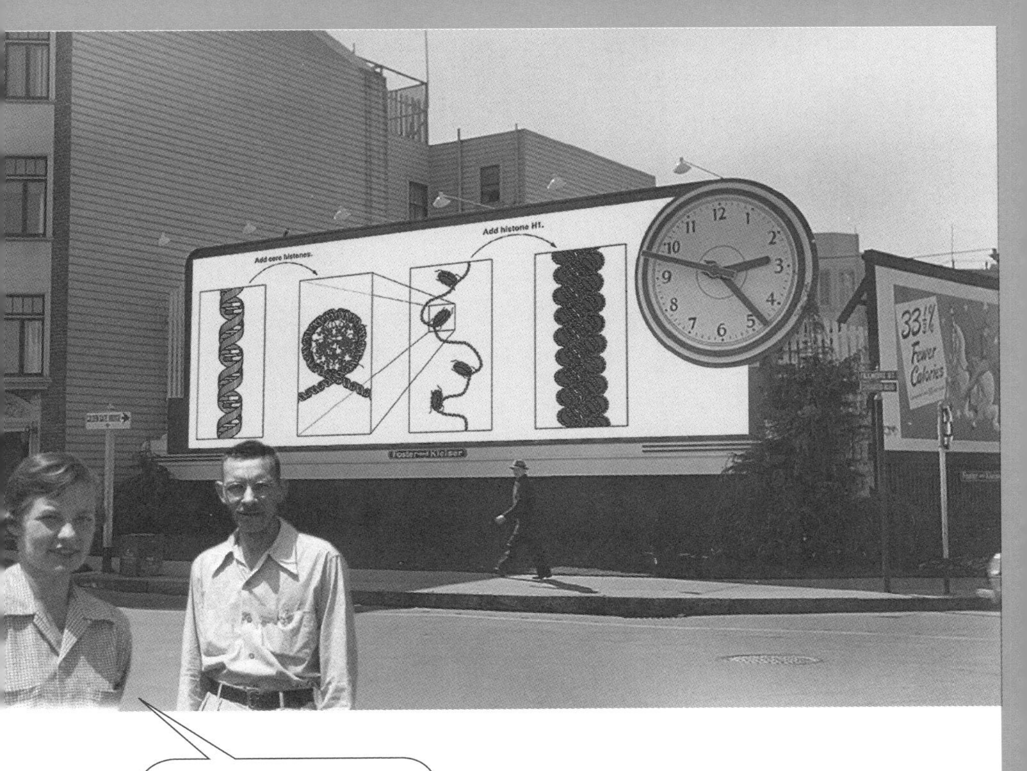

染色质修饰的发现

前文已经讨论过 DNA 和蛋白质如何构成染色质。直到 20 世纪中期，人们还普遍认为蛋白质是该过程中的重要组成部分。DNA 结构简单，主要由 4 种不同的碱基构成，肯定不可能从零开始构建起这么复杂的有机体。

然而，在 20 世纪 50 年代，美国遗传学家玛莎・蔡斯（1927—2003）和阿尔弗雷德・赫尔希（1908—1997）利用纯化的病毒 DNA 证实，生命体的遗传指令确实是被编码在 DNA 序列上的。自此，组蛋白和支架蛋白失去了科学家们的宠爱，它们被认定为只负责遗传物质的包装。直到几十年后，组蛋白才重新吸引了学界的研究兴趣。

到 20 世纪 90 年代中期，科学家们对组蛋白的研究兴趣被重新点燃。美国发育生物学家大卫·阿利斯（生于 1951 年）发现了组蛋白的化学变化——与基因转录相关的变化。

具体而言，阿利斯的团队发现，在基因组的某些区域里，一种名为乙酰基（acetyl group）的小分子附着在组蛋白上，且相比于乙酰化的组蛋白较少的其他区域，这部分区域包含更多转录活跃的基因。阿利斯和其他的团队成员继续发现了更多类型的组蛋白修饰分子，有些与基因组转录活跃的部分相关，有些则与转录沉默的区域有关。

CH_3
O
组蛋白乙酰化和基因转录有关。组蛋白重新变得有趣起来了呢！

染色质结构的物理构型也与基因转录有关：结构开放、着色较浅的染色体带一般比结构紧密、颜色深沉的染色体带包含更多活跃的基因。

部分基因组总是处于结构紧密、不活跃的染色质状态，染色体的末端和中部连接处就处于这样的非活跃状态。而其他区域的结构则显得更为开放，尤其是聚集大量基因的区域，这些基因涉及每个细胞必要的生命活动，如DNA 复制或者将糖分转换为能量。不同细胞中，染色体其他区域的密度也有差异——这说明基因调控是因细胞而异的。

染色体的末端、中部连接处以及其他颜色较深的区域，包含着结构紧密的染色质，这些区域大多保持沉默。染色带着色越浅，则包含着更多结构开放、表达活跃的基因。

有的研究者则在研究 DNA 本身的化学变化。1948 年，美国生物化学家罗琳·霍奇基斯（1911—2004）表示，一种名为甲基基团（methyl group）的小分子附着在某些 DNA 碱基上，但是当时人们还不清楚 DNA 甲基化（DNA methylation）的作用。

后来研究者们发现，失活的 X 染色体带有许多甲基化碱基。在 20 世纪 70 年代中期，英国遗传学家阿德里安·伯德（生于 1947 年）找到证据证实，其他 DNA 区域的甲基化可能与转录调节相关；被甲基化的位置并不是随机散布在基因组中，而是与基因的位置相关。美国学者马克·泰克辛斯基、爱德华·马克斯以及比利时学者伯努瓦·德·克隆布鲁格在 20 世纪 80 年代初期也发表了类似的研究成果。

H H
C
H
DNA 甲基化似乎和转录调节相关——更具体地说，是和转录沉默相关。

染色质修饰似乎有可能为 DNA 序列和整个有机体表型（即可观察的特征）搭建起连接两者的桥梁。但是，我们首先需要弄清楚这两者的因果关系。

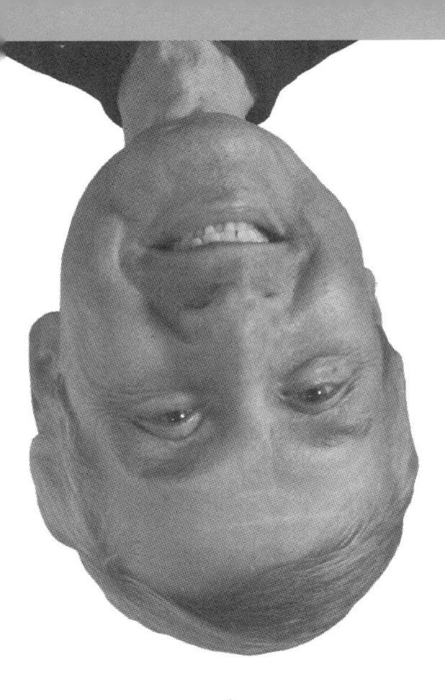

染色质修饰控制着基因转录吗？

还是说，在其他机制引起基因转录的激活或失活后，染色质修饰才被添加到这些基因组区域上？

染色质密度直接控制基因转录的原理很简单：密度越高的结构会在物理层面上阻挡转录机制触及 DNA。但是，DNA 和组蛋白修饰在转录调节上的潜在作用就不那么明显了。

20 世纪 80 年代早期，美国科学家卡罗尔·普里韦斯，以及德国科学家沃尔特·德夫勒（生于 1933 年）带领着一批来自德国、瑞士和以色列的科学家，人为地将病毒 DNA 片段甲基化，并将其植入细胞中。这些研究团队发现，在 DNA 序列相同的前提下，未被甲基化的 DNA 比甲基化的 DNA 转录得更为活跃。

20 世纪 90 年代，大卫·阿利斯称，在某些情况下，给组蛋白嫁接乙酰基的蛋白质是激活基因转录的直接原因。

这些研究成果为后来捷报频传的科研发现奠定了基础。硕果累累的科研成果已经证实，DNA 和组蛋白修饰的确直接参与了对基因转录的控制。

DNA 和组蛋白修饰直接控制着基因转录啊！
我们发现了不得了的事情啊！

对表观遗传修饰的现代认识

我们前面提到，DNA 和组蛋白修饰在 DNA 序列上叠加额外的信息。现代表观遗传学研究的正是这层“信息”：

- 这些信息是如何形成、维持和调整的；
- 细胞如何“翻译”其中的密码；
- 无论是在短期内遗传给下一代的细胞和有机体，还是在时间跨度更长的物种进化过程中，这些信息是如何遗传下来的；
- 在疾病中这些信息如何被曲解和打乱；
- 我们如何解读或者编辑这层信息，从而改善人类健康。

如果把DNA序列比作一本操作指南，它解释了从受精卵发育为完整有机体的过程，那么表观遗传信息就是在为这本指南做重点归纳和注释工作。

有些分子用“不同颜色”给部分遗传信息做标注，提醒细胞必须小心谨慎地解读这部分信息；而其他分子则标记出可以忽略的部分。这种高亮操作能帮助判断哪些细胞中的哪部分基因需要被转录和翻译。

细胞把不同的RNA和蛋白质用作表观遗传修饰物，有的像“荧光笔”（highlighter），可以形成和维持这类信息的式样；有的像“橡皮擦”（eraser），在需要时擦除标记；还有的像“解码器”（decoder），将信息转化成有用的操作指令。

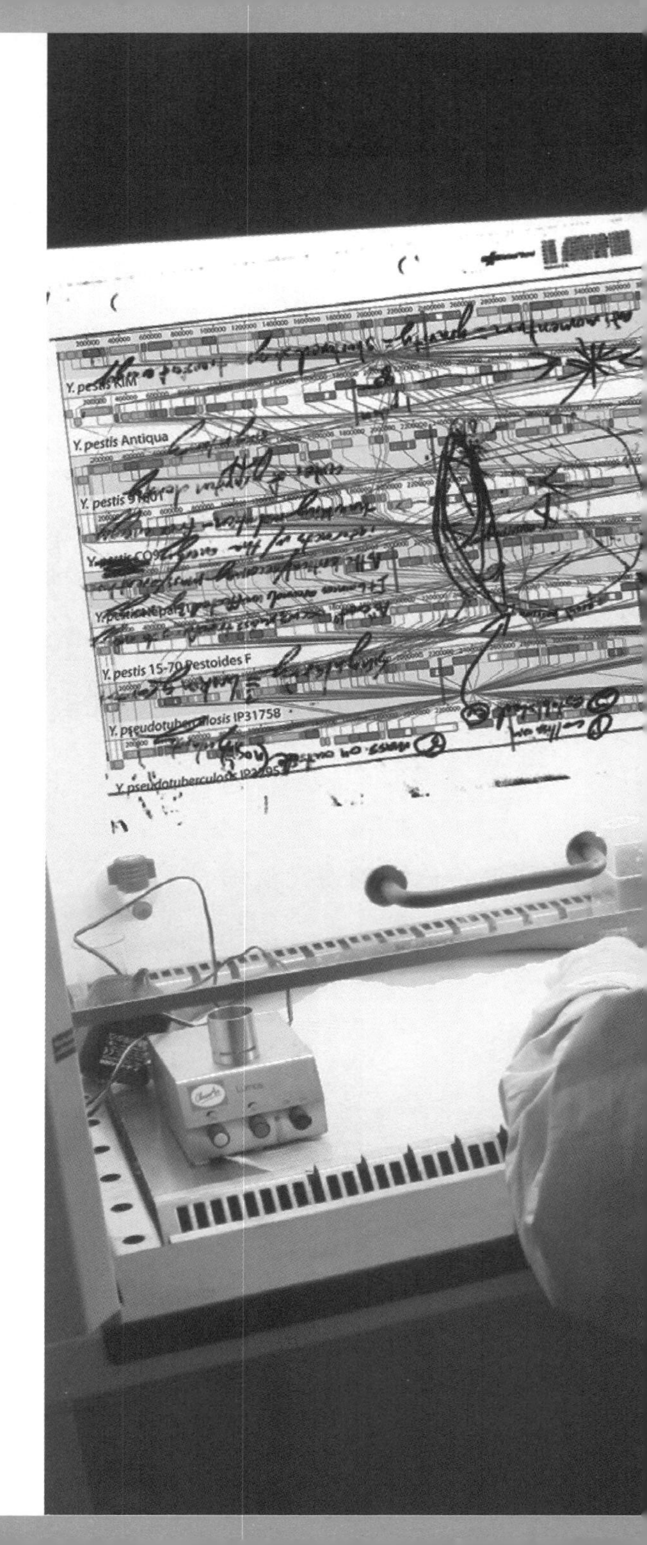

这样一来，DNA 就没那么难懂了。
A
B
C
D

成千上万的表观遗传“荧光笔”“橡皮擦”和“解码器”在一个极其复杂、周密协调的网络体系下共同协作着。

表观遗传调控网络包含各种类型和大小的分子。目前已知最小的表观遗传修饰分子只由 4 个原子组成。有些 RNA 链只有 19 个碱基的长度，但能清楚指明每种高亮修饰物应该标记在什么位置。大小不一的蛋白质增添、移除或识别特定的修饰物，而其他蛋白质负责搬运单独的核小体。完整的长段染色体被集中在细胞核的特定区域里。显然，还有更多组成部分等待我们去探索和发现。

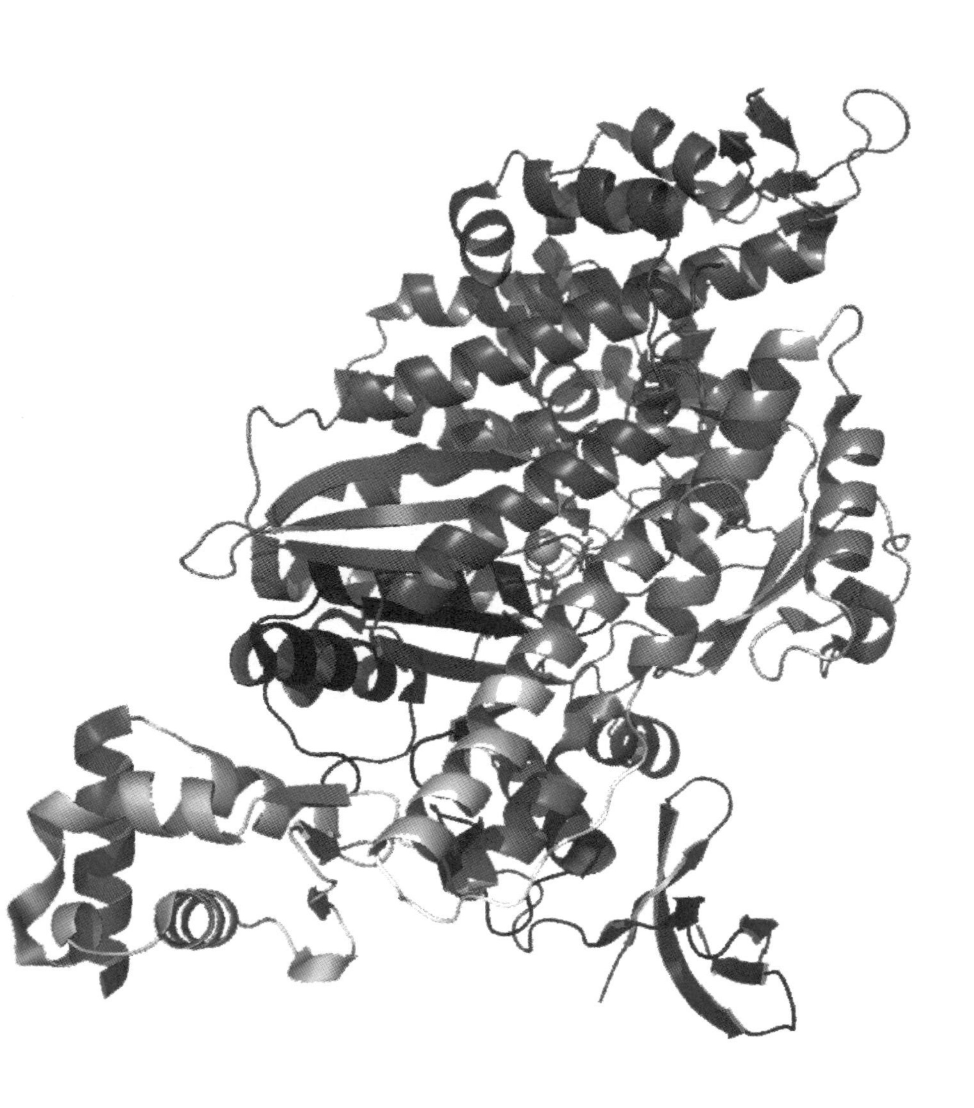

几乎身体内的每个细胞都拥有相同的 DNA 序列，但不同的细胞类型拥有不同的分子标记模式。毕竟，肝细胞和脑细胞需要执行的肯定不是同一页操作指南。所以，每个细胞只生产能协助它表达该细胞特定功能的 RNA 和蛋白质。

表观遗传学有意思的点在于，这些标记并不像 DNA 序列那样固定在某个地方：它们会随着细胞分化而改变，也会对某些外部因素作出响应，有的甚至可以遗传给后代。

DNA 甲基化

目前已知最小的表观遗传修饰物是甲基基团。这种分子由一个碳原子和三个氢原子构成，在“荧光笔”蛋白质甲基转移酶的催化下，甲基基团被添加到某些 DNA 的胞嘧啶上。

DNA 甲基化可导致基因沉默。阿德里安·伯德发现细胞核中的“解码器”蛋白质能识别并特异性地结合到甲基化胞嘧啶（methylated C base，mC）上。这些蛋白质关闭了甲基化 DNA 上的基因转录，从而阻止其生产对应的 RNA 和蛋白质。

DNA 甲基化很像审查员涂抹的黑色笔迹涂抹区，它不像荧光笔那样起到高亮作用，而是告诉细胞：“这里没什么好看的。”

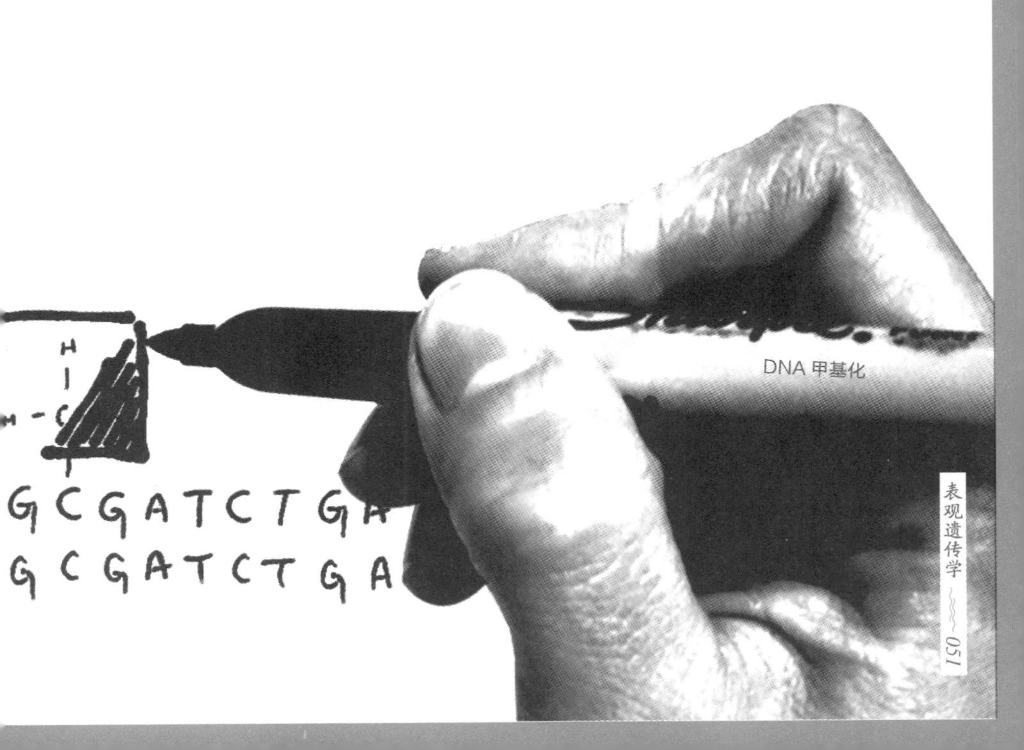
“解码器”蛋白质会和甲基基团结合并阻碍转录，导致带有甲基化胞嘧啶的基因被关闭表达。
DNA 甲基化
GCGATCTGA
GCGATCTGA

20 世纪 70 年代，在阿德里安·伯德和其他科学家开始研究 DNA 甲基化模式时，他们使用的方法粗陋、低效。但到了 20 世纪 90 年代，澳大利亚遗传学家玛丽安娜·弗罗默和苏珊·克拉克研究出了能准确区分甲基化和非甲基化胞嘧啶的新方法。

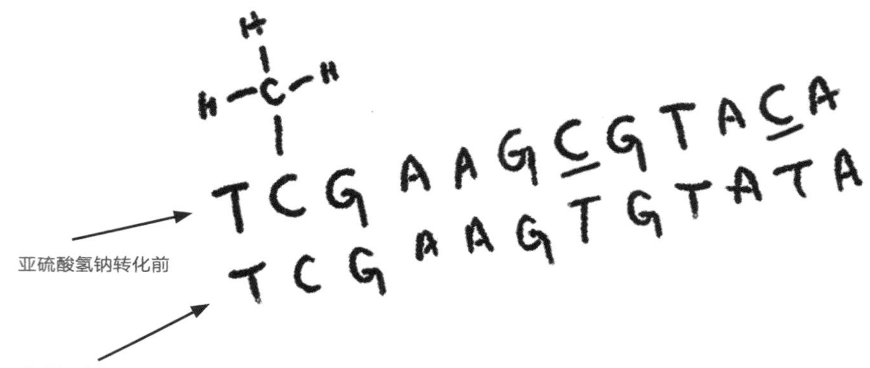

一种名为亚硫酸氢钠（sodium bisulphite）的化学物质能将非甲基化的胞嘧啶转化为胸腺嘧啶，但甲基化胞嘧啶则因为受到甲基基团保护而保持不变。通过将转化产物与未经处理的序列比较，我们就能判断和解读其甲基化模式。

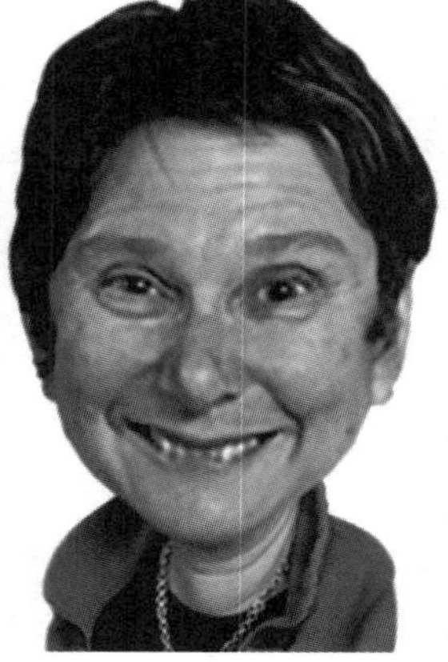

亚硫酸氢钠测序（一般也称为亚硫酸氢盐测序）实验，如今被全球研究者广泛应用，帮助他们了解不同细胞类型的表观遗传景观。

DNA 甲基化并非随机出现的，而是遵循某些普遍规则和模式。

大多数甲基化的胞嘧啶都和鸟嘌呤相邻。许多活跃基因在它们转录的起始点都聚集着这样的碱基群。这种碱基成簇聚集的特征被称为 CpG 岛（CpG island），且大多数 CpG 岛处于非甲基化状态。与之相反，基因之间或者在重复 DNA 序列（repetitive DNA sequence）中的 CpG 岛则经常被甲基化。

重复 DNA 很让人头疼。它能移动到新位置上，也能把转录和 DNA 复制机制弄得凌乱错序，引起能诱发癌症或者其他疾病的突变。DNA 甲基化最初有可能是为了抑制这些问题序列的表达而进化出来的解决办法，随后才逐渐体现出其他有用的功能。

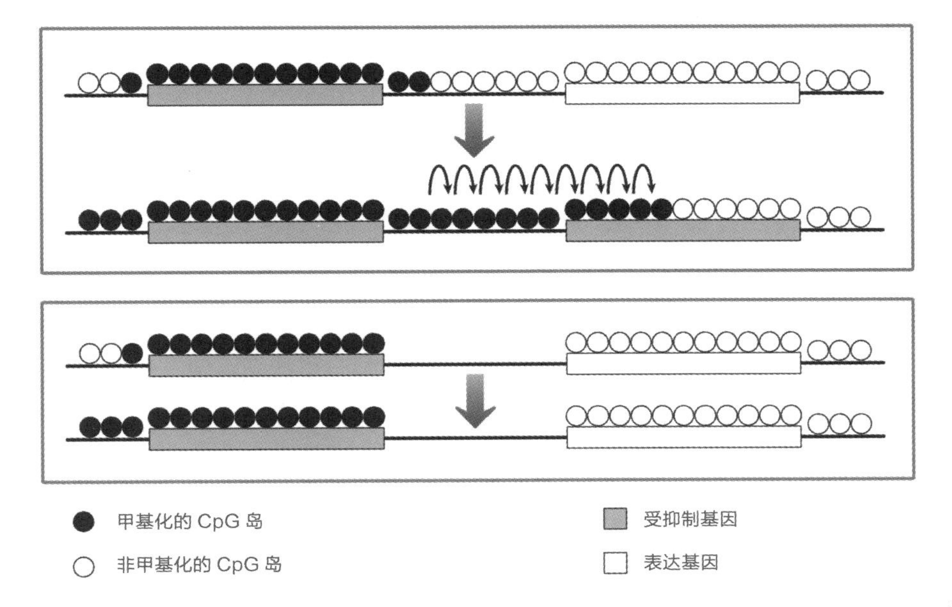

只有当 DNA 双螺旋链在相同的 CpG 位点同时被甲基化时，转录沉默才会发生。然而，在有丝分裂期进行 DNA 复制时，与原 DNA 链配对的、新产生的 DNA 链并不会被甲基基团附着。

大多数时候，有丝分裂产生的细胞都需要保留与原细胞 DNA 链相同的甲基化模式。也就是说，表观遗传景观需要维持下去，以确保新细胞和原细胞保持相同的细胞类型（见第 37 ~ 38 页）。因此，每一条原 DNA 链中的甲基化模式必须被复制到新形成的 DNA 链中。

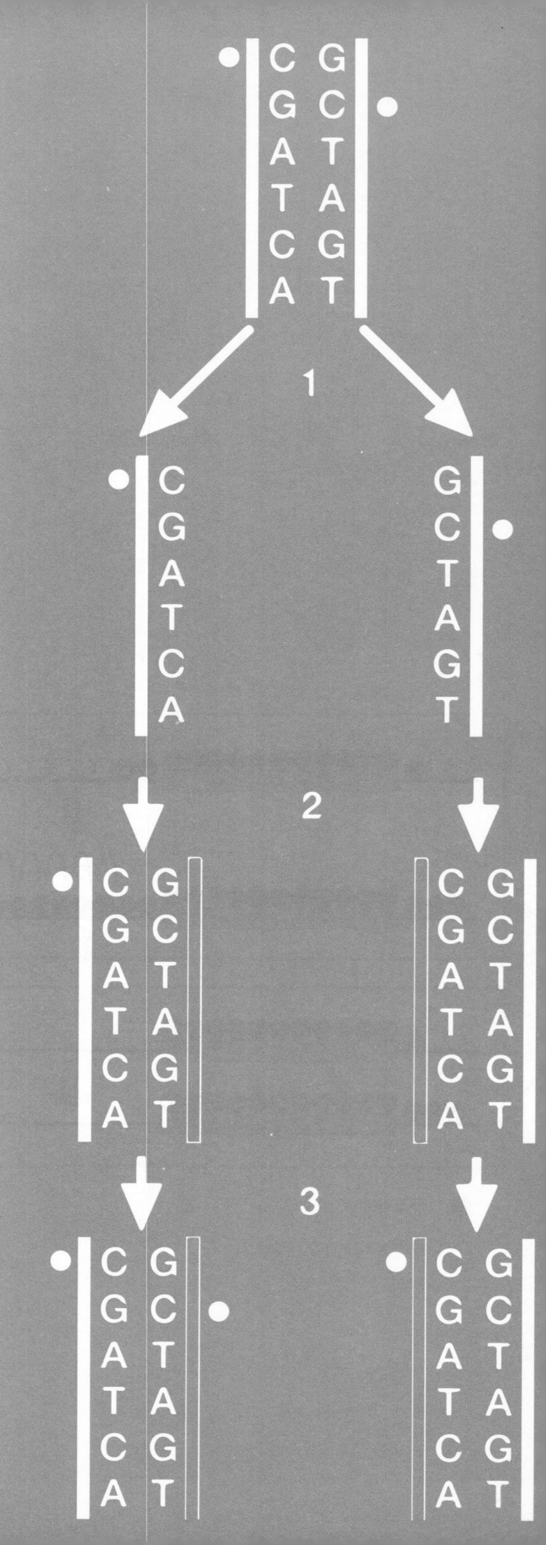

有种蛋白质被称为 DNA 甲基转移酶 1（DNA methyltransferase 1，DNMT1），这种蛋白质负责将原 DNA 的甲基化模式复制到新形成的 DNA 链上。DNMT1 能辨别并结合到甲基化不对称的 CpG 位点上。随后它在新 DNA 链裸露在外的胞嘧啶上添加甲基基团，还原细胞原有的对称甲基化模式。这个过程对于维持成熟细胞的表观遗传景观、防止细胞分化逆转十分关键。

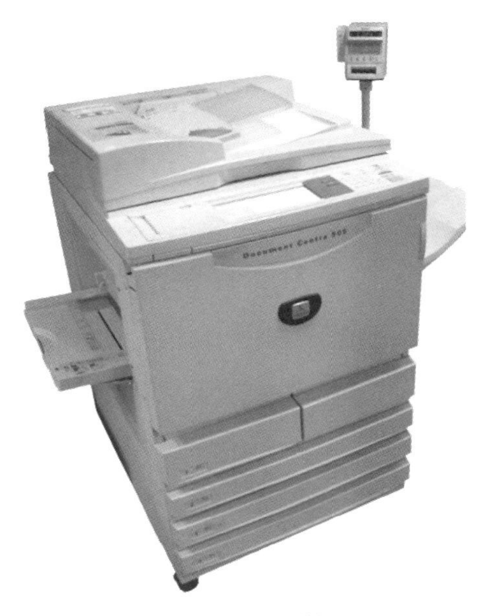

在有丝分裂期间可遗传的表观遗传修饰中，DNA 甲基化是最广为人知的例子。即使是最严格的表观遗传学定义也会包括 DNA 甲基化！

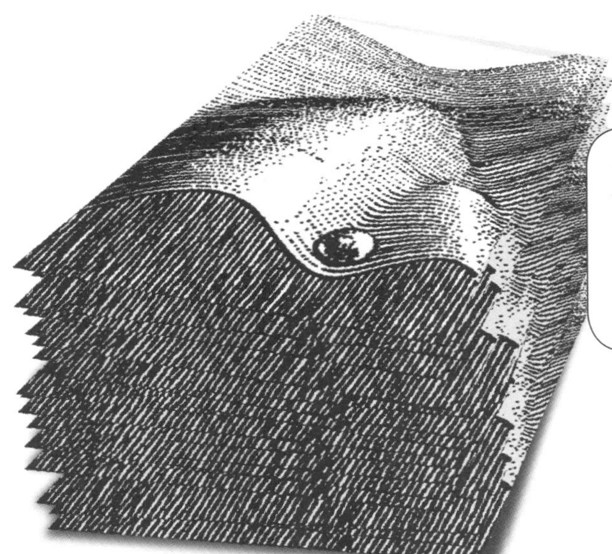

有丝分裂期间，DNMT1 会复制成熟细胞的表观遗传景观。这能确保成熟细胞各司其职，比如肝细胞只制造肝细胞，皮肤细胞也只生产皮肤细胞。

有时候，甲基化基因需要被重新激活，例如在细胞分化的过程中。细胞分化时，表观遗传景观也在发生改变，随着细胞分化为成熟的脑细胞、肝细胞、血细胞或肾脏细胞，细胞开始激活所需要的基因，以实现对应细胞类型的特定功能。

在上述的大多数情况下，原有的甲基化模式不会被复制到新形成的 DNA 链上。我们把这种甲基化模式被逐渐稀释的过程称为被动去甲基化（passive demethylation）。因为被动去甲基化依赖于 DNA 复制，它只适用于在有丝分裂产生的细胞中重新激活沉默基因。

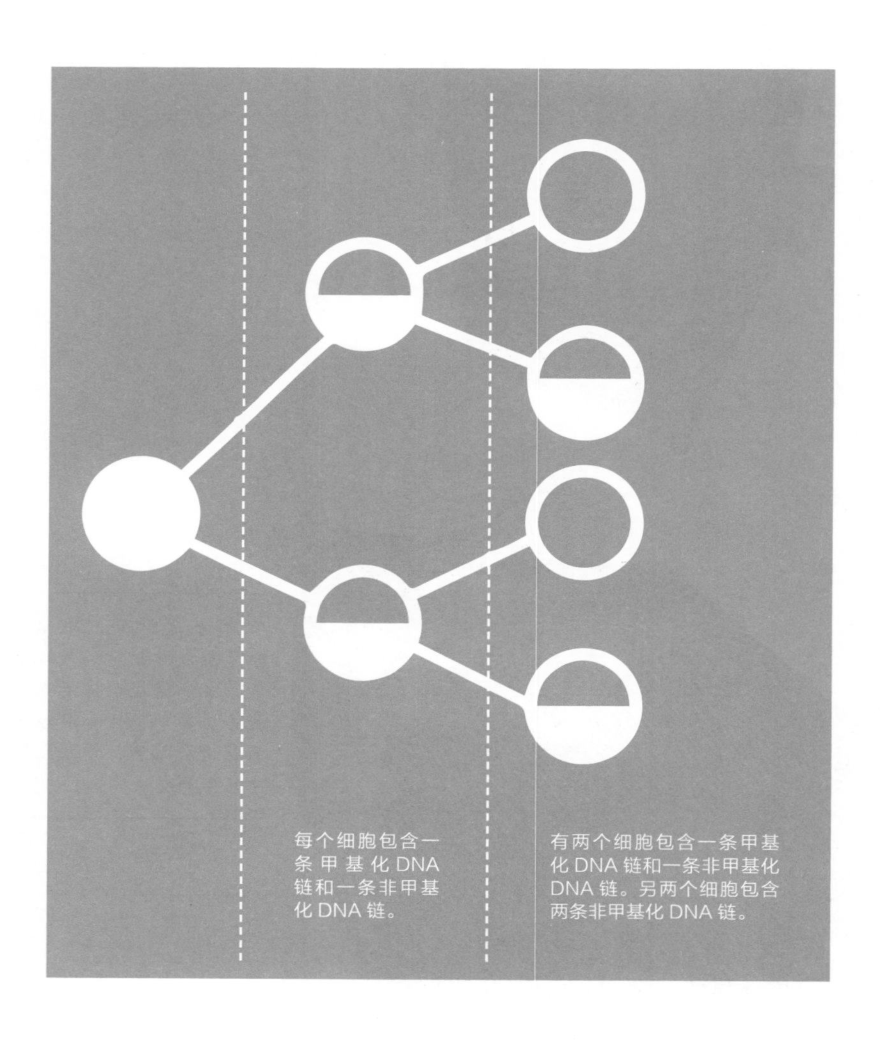

每个细胞包含一条甲基化 DNA 链和一条非甲基化 DNA 链。
有两个细胞包含一条甲基化 DNA 链和一条非甲基化 DNA 链。另两个细胞包含两条非甲基化 DNA 链。

甲基化有时需要快速完成逆转——比方说，在早期胚胎经历快速的细胞分化过程中。即使在不是刚分裂形成的成熟细胞中，如果细胞需要应对化学物质、温度变化或其他刺激时，突发的基因重新激活也是很有必要的。这些情况下，依赖细胞分裂、被动稀释甲基化模式并不适用；细胞需要走一个单独的主动去甲基化程序。

在主动去甲基化（active demethylation）的过程中，需要被移除的甲基基团会被标记上氧原子。名为 Tet 的“橡皮擦”蛋白质会结合在已做标记的特定甲基基团上，并将它们从 DNA 上掐掉。

“橡皮擦”和“荧光笔”的地位同等重要：它们让细胞在细胞分化或应对环境变动时调整基因激活的模式。

20 世纪 90 年代，由德国生物学家鲁道夫·耶尼施（生于 1942 年）带领的美国团队揭示了 DNA 甲基化的重要性，他们发现缺乏 DNA 甲基转移酶的基因工程小鼠在胚胎时期就夭折了。

其他研究团队也发现，人类癌细胞内的混乱通常包括 DNA 甲基化和基因激活模式的剧变（见第 154 页）。某些类型的癌细胞中也能发现突变的 DNA 甲基转移酶。

上述研究表明，正常细胞和机体功能离不开正常的 DNA 甲基化模式。然而，DNA 甲基化并不是孤军奋战；其他形式的表观遗传修饰也在帮助其调控基因激活。

“毋庸置疑，DNA 甲基化对生物体的发育和健康极其重要。”

组蛋白修饰

和 DNA 类似，组蛋白也能被甲基基团标记，依附于组蛋白的还有许多别的分子，每种分子都具有独特的功能。大多数修饰物附加在组蛋白的“尾部”——也就是能伸进核小体结构内部的那部分蛋白质。相比于 DNA 甲基化修饰，组蛋白修饰模式的变动频率更高，速度更快。一般而言，它们似乎与基因激活模式的短暂变动相关，而不涉及像 DNA 甲基化这样的长期变化。

上文提到会有专门的蛋白质结合到甲基化 DNA 上来关闭基因转录，同理，也会有专门的“解码器”蛋白质依附在不同的组蛋白修饰上，调控附近基因的活动。

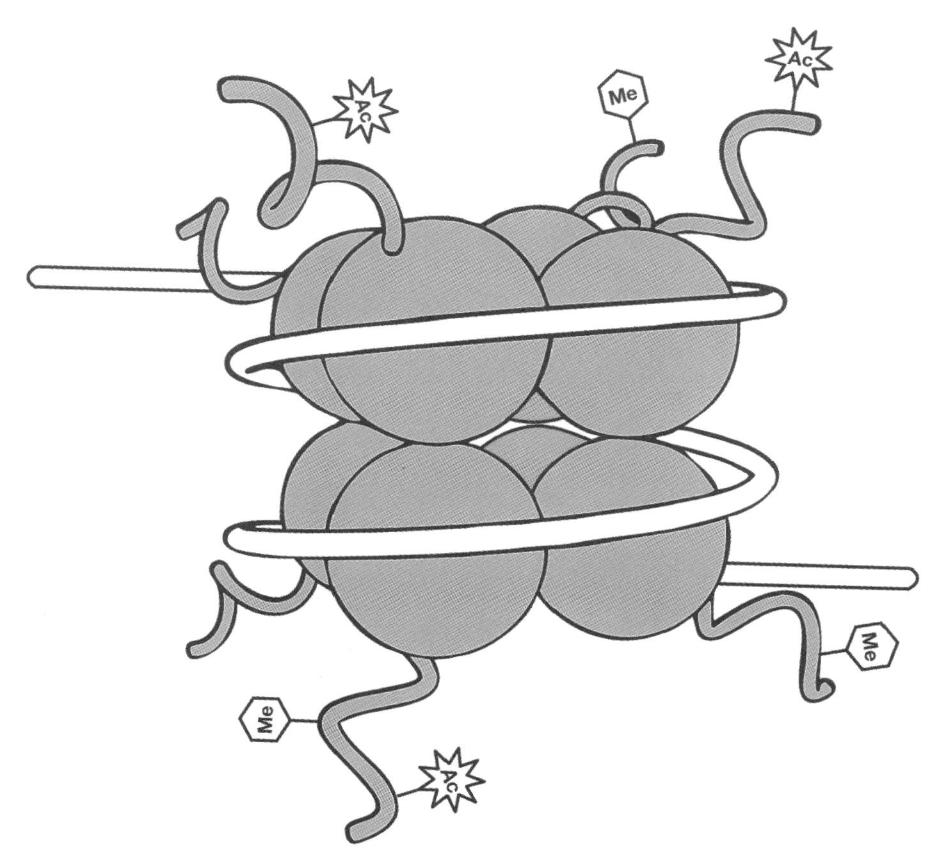

因为 DNA 甲基化影响的是特定的单个胞嘧啶，所以比较容易确定每个甲基基团的准确位置。而组蛋白修饰则不同，每个核小体包含约 150 个碱基长度的 DNA，外加 80 个碱基长度的连接 DNA 序列。

一种间接的研究方法是染色质免疫沉淀测序（ChIP–Seq，即 Chromatin Immunoprecipitation Sequencing），用于确定基因组的哪些部分与哪些类型的组蛋白修饰相关——这是理解组蛋白修饰功能的第一步。

被称为抗体的 Y 型蛋白质能与某种特定组蛋白修饰结合，然后将被修饰的染色质从基因组中分离出来，留作后续分析。

染色质免疫沉淀测序技术会将带有特定修饰标记的组蛋白分离出来，然后对关联的 DNA 进行测序，从而鉴定修饰物在基因组中的修饰位点。

DNA 甲基化总与基因沉默相关。相反，组蛋白甲基化既能激活基因，又能使基因沉默，这取决于哪些组蛋白末端的何种氨基酸被甲基化，也取决于氨基酸附着的甲基基团数量。每种构型都会吸引不同的“解码器”蛋白质与其结合。

不同种类的组蛋白甲基化能识别出具有不同特征的基因组。有些甲基化标记的是基因组活跃的部分，而其他则标记出沉默的区域。还有些结构能标记出正在修复的受损 DNA，或者标出协助调控附近或远端基因的 DNA 片段。

活跃、沉默或者正在修复 DNA 的基因组区域都会被不同的组蛋白甲基化模式标记出来。

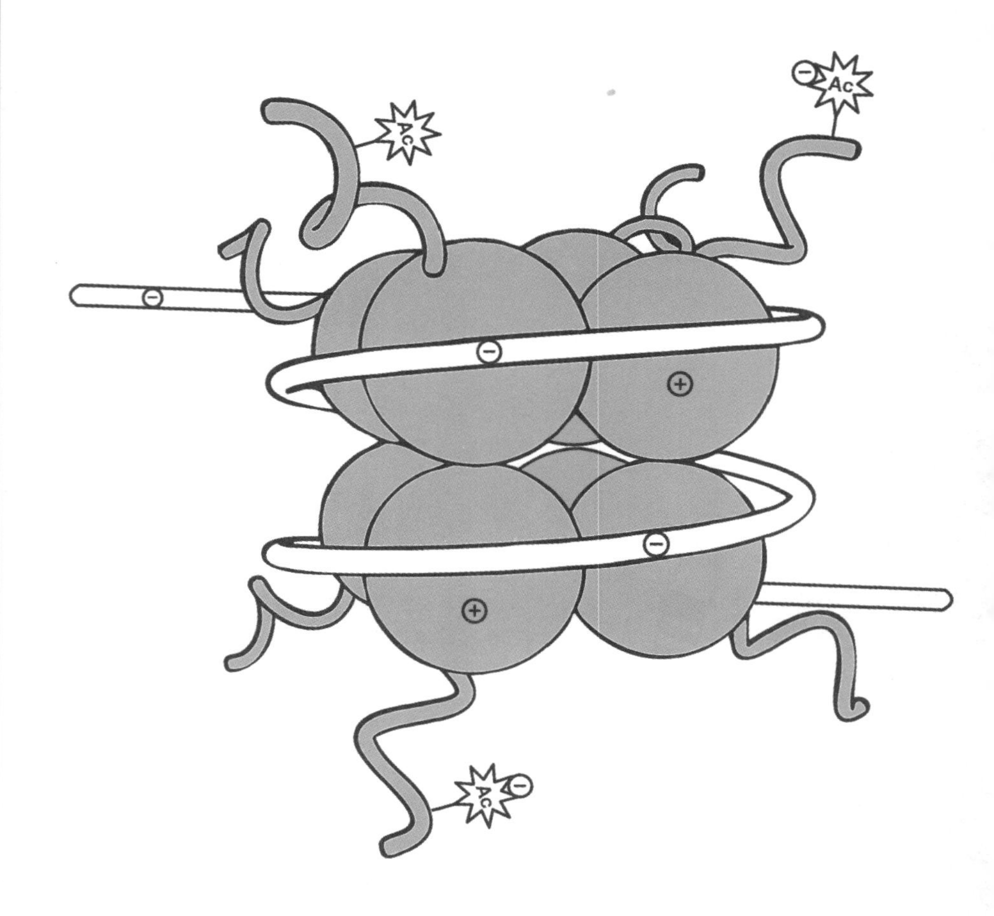

其他分子也能附着到组蛋白末端，其中乙酰基和磷酸基是较小的分子基团，它们和甲基基团的大小差不多。组蛋白乙酰化（histone acetylation）是首例被发现的组蛋白修饰，发现者是大卫·阿利斯（见第 40 页）。组蛋白乙酰化总与基因激活相关。起转录激活作用的“解码器”蛋白质会附着到乙酰化氨基酸上。除此以外，乙酰基团还有一个更直接的影响：乙酰基带有负电荷，它们能中和组蛋白的正电荷，减弱组蛋白与带负电荷的 DNA 之间的吸引力。核小体在这种干预下变得结构松散，更有利于 DNA 转录。还有另一种名为组蛋白磷酸化（histone phosphorylation）的修饰，其原理比较难理解，可以简单解释为与 DNA 修复和转录激活有关。

最近科学界也陆续发现其他类型的组蛋白修饰，包括二磷酸腺苷核糖分子（ADP-ribose molecule），这是组蛋白修饰中体形较大的分子。组蛋白ADP-核糖基化（histone ADP-ribosylation）和乙酰化的作用机制相似，两者都是从物理层面上改变核小体结构，有助于 DNA 转录。有些特定的大分子蛋白质，也能直接附着到组蛋白尾部。类泛素蛋白修饰分子（SUMO）及泛素蛋白（ubiquitin protein）与组蛋白的结合也似乎与基因沉默和基因激活相关，这主要取决于其结合位点。

鉴别和理解其他组蛋白修饰仍是非常活跃、正在持续推进的研究领域。收录组蛋白修饰的种类、已知功能和潜在功能的表单每年都在不断被补充和完善！

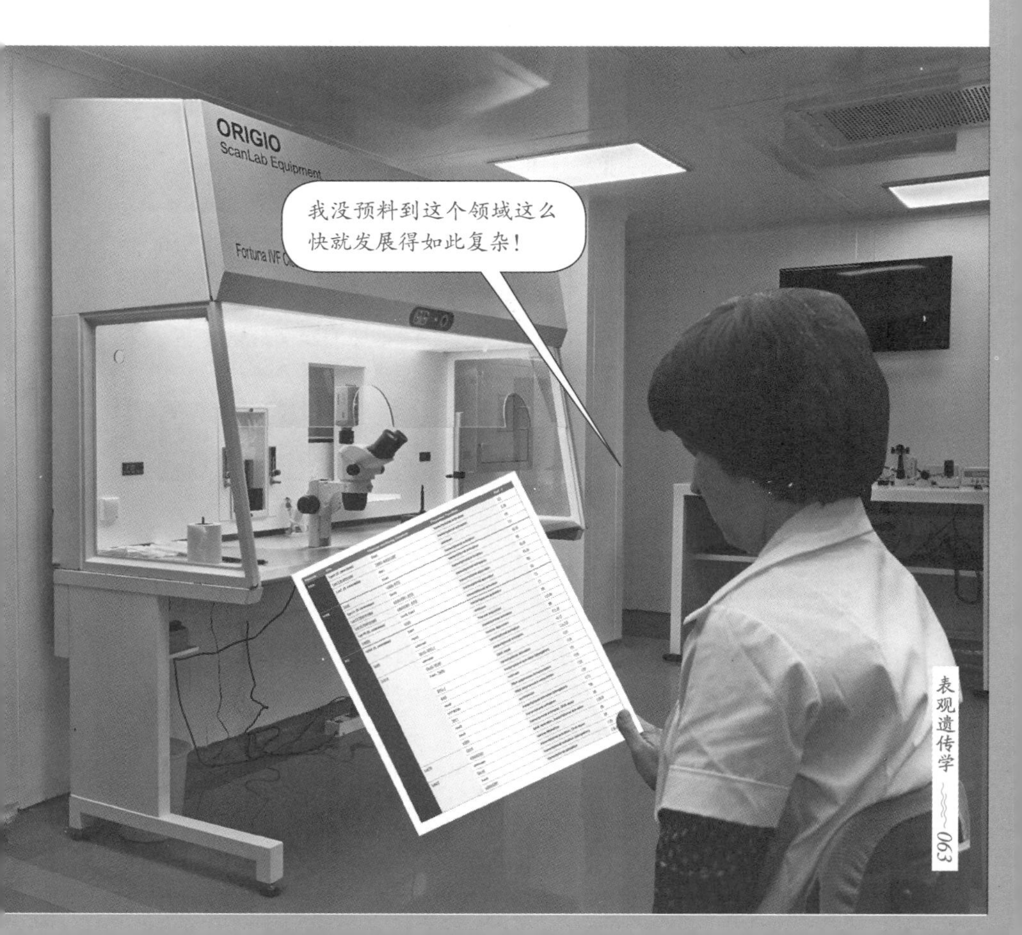

变化最剧烈的组蛋白修饰会将常规的组蛋白替换成具备特定属性的蛋白质变体。有些组蛋白变体（histone variant）能稳定核小体结构，阻碍 DNA 转录，而有些则起相反作用。有的组蛋白变体包含了常规蛋白质类型中不存在的可修饰氨基酸，有的则被认为和受损 DNA 的修复相关。

20
uefa.com
在需要时，组蛋白变体可以替代常规组蛋白。在需要修复部分受损基因组时，名为 H2A.X 的变体会替补组蛋白 H2A 上场。

精子细胞中，大多数基因组中的组蛋白会被完全移除，并被一种名为精蛋白（protamine）的蛋白质所替代，精蛋白体形更小，能把 DNA 打包压缩至极其紧凑、无活性的状态，这在小细胞中非常必要。这种替换也让受精卵能够清楚知道它的哪些染色体来自精子，哪些来自卵子，这对胚胎的正常发育也很重要。

和 DNA 甲基化不一样，科学家们在很长时间内一直认为，在有丝分裂过程中，组蛋白修饰模式不会被直接复制到新产生的细胞中。而表观遗传学的保守定义限定了表观遗传特征需要在有丝分裂期间持续存在。因此，组蛋白修饰一直被排除在传统的表观遗传学定义之外。

然而，2014 年，美国发育生物学家苏珊·斯特罗姆发现，在 DNA 复制过程中，原 DNA 链上带有的组蛋白修饰也被复制至新形成的 DNA 链上。这种修饰模式随后传递到缠绕在 DNA 双链上、未经修饰的新核小体中。

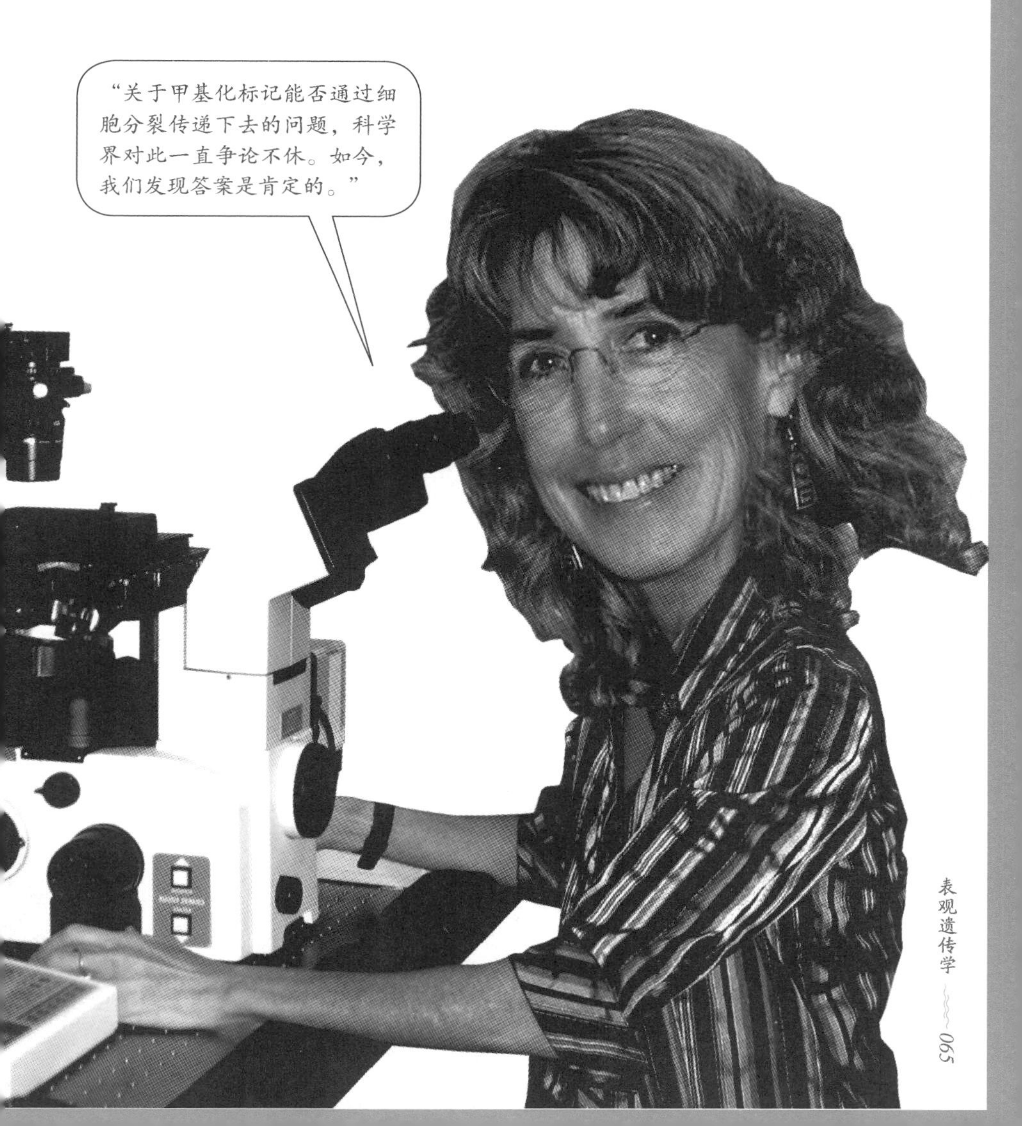

“关于甲基化标记能否通过细胞分裂传递下去的问题，科学界对此一直争论不休。如今，我们发现答案是肯定的。”

许多研究者依然在研究每种组蛋白修饰的作用。但即使他们描述出每一种修饰的特征，他们也无法真正了解组蛋白修饰的全貌。每个组蛋白修饰都可能构成不同组合，他们还需要理解每一种组合的作用机制。

科学家已经探明某些基于环境的影响所表现出的特征。例如，只有在包含组蛋白乙酰化的染色质区域里，某些组蛋白甲基化才会协助激活邻近基因。这种相互作用可以非常精确严谨地调控基因转录。然而，相对于完整的组蛋白密码，我们看到的只是冰山一角。

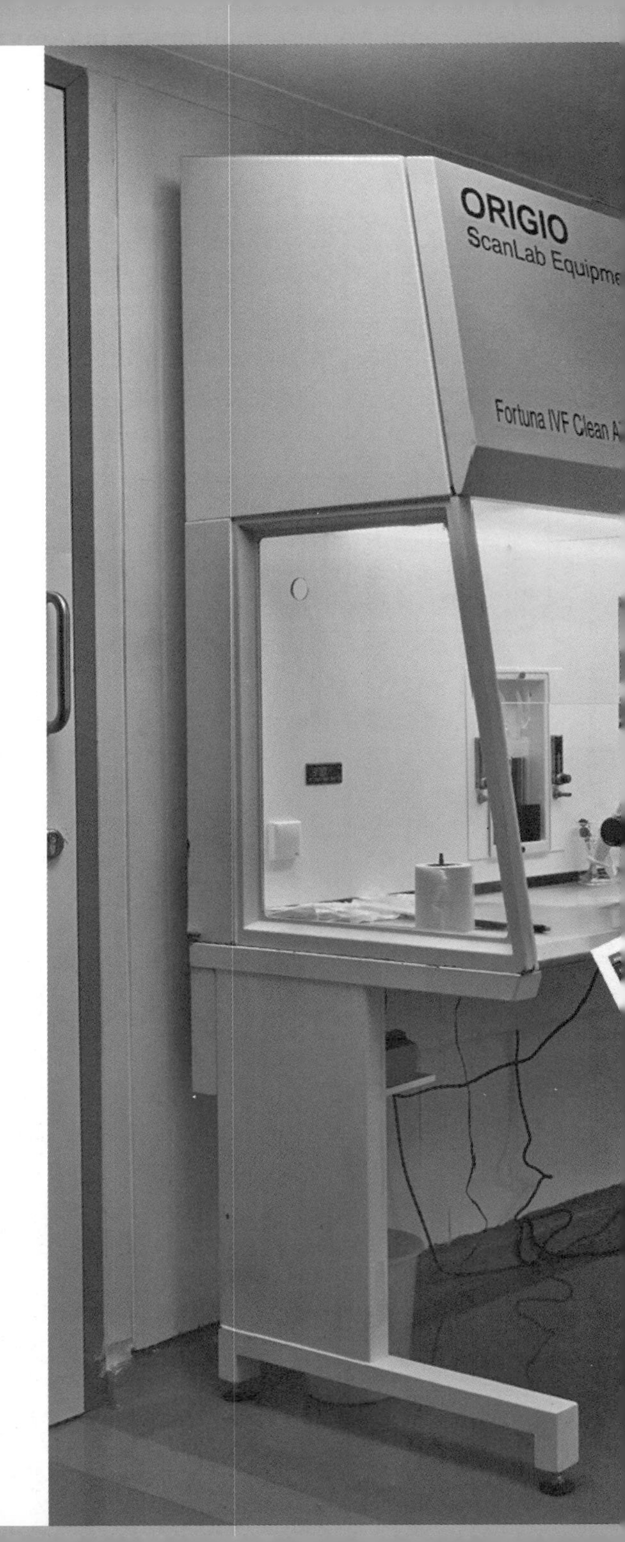

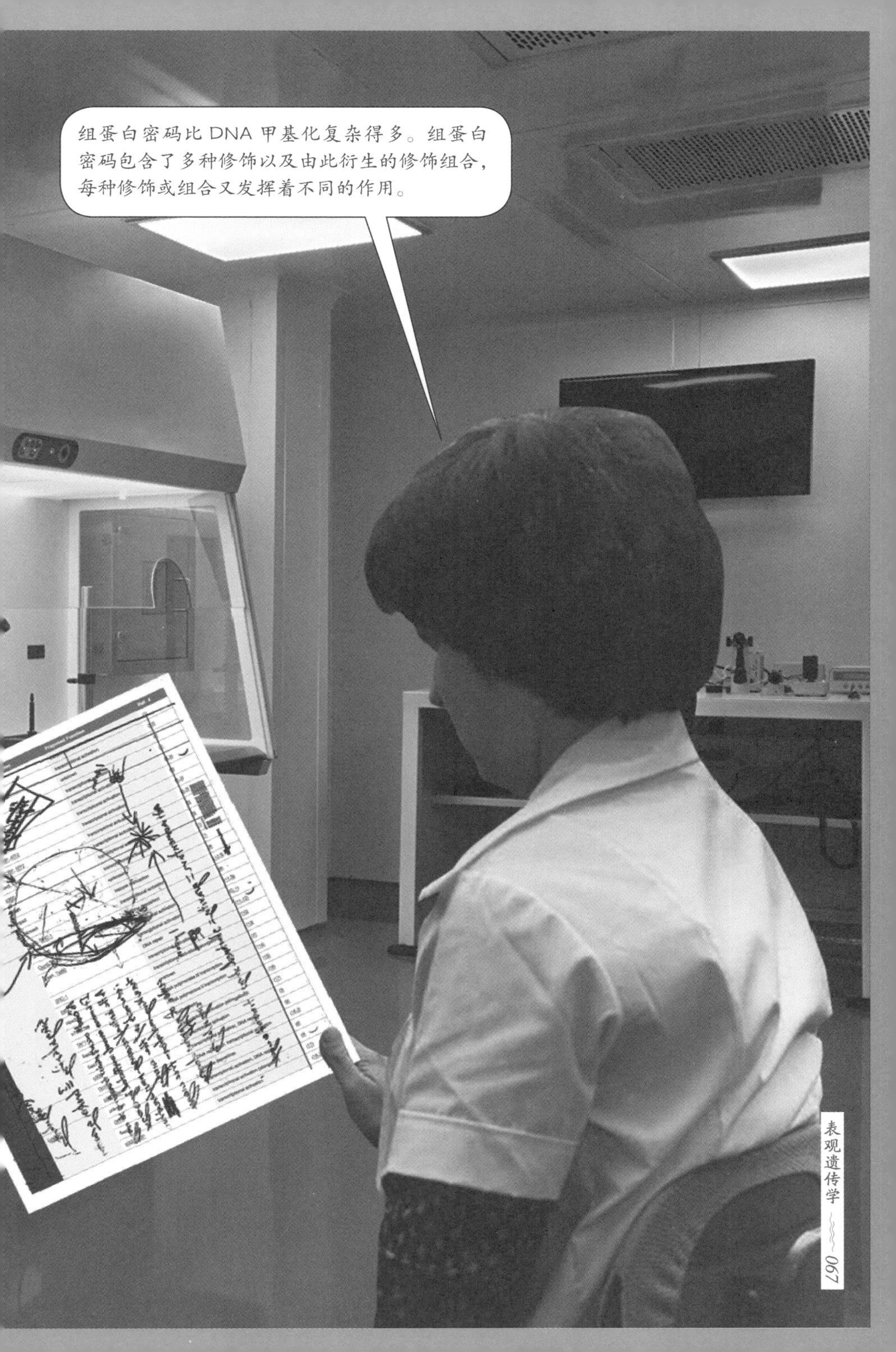
组蛋白密码比 DNA 甲基化复杂得多。组蛋白密码包含了多种修饰以及由此衍生的修饰组合，每种修饰或组合又发挥着不同的作用。

染色质重塑

核小体并不是固定在某处的，而是随着 DNA 滑动的。核小体的拆解、重装和移动都受到缜密的调控，这是表观遗传调控中的重要组成部分。

协调染色质重塑过程的蛋白质最早是在酵母细胞中发现的，那是它们首次被研究者发现具有专门的功能。比方说，由于 SWI/SNF 重塑因子（人体细胞内也存在这种蛋白质）在酵母细胞中发挥着独特作用，所以该因子被命名为“交配型转换开关/蔗糖非发酵”（Mating Type Switch/Sucrose Non-Fermenting）。自那以后，无论是在人体还是在其他复杂有机体内，在 DNA 复制、胚胎发育以及其他重要进程中，染色质重塑蛋白发挥的作用陆续得到验证。

酵母和人体细胞中的染色质重塑蛋白协助细胞进行DNA 复制、基因转录调控等过程。

染色质重塑蛋白协助调节核小体之间的间距。核小体的间隔越小，组蛋白之间会产生更强的关联，这使得染色质被压缩得更为紧凑；反之，核小体之间相互疏离，染色质则被开放成更易进入的、更活跃的构型。

易于进入的染色质构型非常有用，例如负责复制、转录或修复 DNA 的蛋白质能不经组蛋白的干扰直接触达双螺旋链。这种情况下，核小体结构甚至可能被完全移除。组蛋白带正电荷，而 DNA 带负电荷，它们之间存在相互作用的引力，消除这种引力需要耗费大量的能量。

该死！这部分受损了。我打算将这些组蛋白分离开来，这样你们就能修复受损的 DNA 了。

染色质重塑蛋白能协助具备特定功能（如 DNA 修复功能）的组蛋白变体合并到核小体中（见第 64 页）。这一替换过程需要将核小体拆解后重构。

只包含非变异体常规组蛋白的核小体有时也会被拆卸分解，然后掺入经修饰的全新组蛋白进行重构。当组蛋白修饰模式需要比平时变动得更频繁（如细胞分化或应对环境骤变）时，这个操作可能是一种捷径。

细胞核分区

细胞的细胞核内划分了许多功能各异的“街区”。例如，染色质的活跃区域包含着促进基因转录的表观遗传标记，它们聚集在一起，类似于城市中心的娱乐区；而染色质的沉默区域就彼此远离，只局限于更为安静的市郊居民区。

每种成熟细胞的细胞核内都拥有一套独特的基因分布模式，反映着各自的表观遗传景观和基因激活模式。这意味着，同样的基因在肝细胞和脑细胞中会分布在各自细胞核中的不同位置。

活跃基因聚集在细胞核内中心区域的转录“热区”。每个热区专门负责转录在相同时间或相同场景下被激活的基因。

RNA

以 DNA 为模板转录得到 RNA，但是并不是所有的 RNA 都会被翻译成蛋白质。有的 RNA 拥有自己的特殊功能，包括在基因激活中发挥表观遗传调控的作用。

任何长度的 RNA 单链都能与包含互补序列的 DNA 或其他 RNA 链配对结合，哪怕互补链的长度很短。较长的 RNA 链还能与自身互补配对，这样 RNA 链就能像日本折纸那样把自己折叠成三维形状，我们称之为“二级结构”（secondary structure），某些蛋白质能识别出这种结构。RNA 分子利用互补配对和二级结构来协调哪种表观遗传修饰应该被应用于基因组的哪些区域。

把它翻折起来，确保碱基对都沿着主轴互补配对。看，一个完美的二级结构折好了！

参与表观遗传调控的 RNA 分子中，长度最长、结构最复杂的是长链非编码 RNA，这一名称是虚构的，简称 lncRNA（long non-coding RNA）。

长链非编码 RNA 的长度至少长于 200 个碱基，在细胞核内发挥多种功能。其中一个重要作用是指引每一类表观遗传修饰结合到对应的染色质上。

为了实现这项功能，lncRNA 将单链的一端插入 DNA 双螺旋链中，与互补 DNA 序列配对结合。不同的“荧光笔”蛋白质和“橡皮擦”蛋白质能结合到 lncRNA 单链另一端形成的二级结构上。随后，这些蛋白质对邻近的染色质进行修饰和重塑。

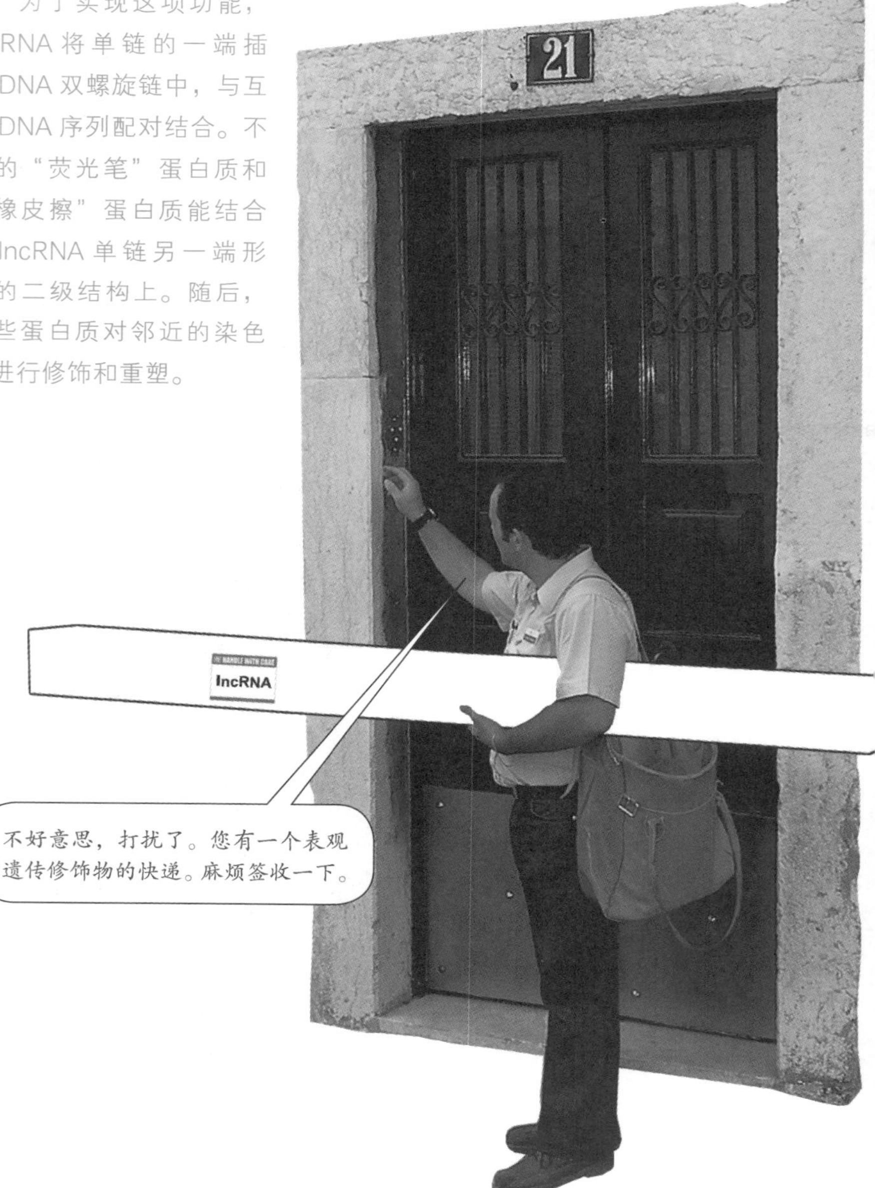

有的 RNA 会关闭不稳定的重复 DNA 序列的转录（见第 53 页）。能够与 Piwi 蛋白质相互作用的 RNA（Piwi-interacting RNA，piRNA）在被转录后离开细胞核，与 Piwi 蛋白质结合，随后 piRNA 将其带回到细胞核中。piRNA 长度为 26 ~ 31 个碱基，可与活跃的重复 DNA 所转录的 RNA 序列互补配对，这相当于给新形成的 RNA 链贴上破坏物的标签。该 Piwi 蛋白质复合物同时会召集其他同伴将邻近的 DNA 甲基化，从而阻止更多转录的发生。

细胞分裂期间，lncRNA 和 piRNA 都能与对应的 DNA 序列保持关联。

和 lncRNA 类似，现在已知最小的调控 RNA 也有一个虚构名字：微小 RNA（microRNA，或称 miRNA）。较长的 RNA 前体在离开细胞核后被剪切成含有 19 ~ 24 个碱基的小分子 RNA。成熟 miRNA 能通过互补配对的方式结合到 mRNA 分子上，阻断 mRNA 翻译为蛋白质，从而发挥其表观遗传修饰的作用。若 miRNA 与靶 mRNA 序列完全互补，则可导致 mRNA 降解；若 miRNA 与靶 mRNA 序列不完全互补，则可抑制其翻译机制。单个 miRNA 可以靶向多种 mRNA，而单个 mRNA 的翻译过程也可以被多种 miRNA 阻遏。

美国遗传学家克雷格·梅洛（生于1960年）和安德鲁·法尔（生于1959年）在1998年发现互补RNA短链可导致mRNA沉默。这一发现立即产生了巨大的影响：miRNA如今被广泛应用为研究工具。利用miRNA靶向单个mRNA，可以研究出对应蛋白质在细胞中的作用。例如，如果引入某一miRNA后，细胞停止分裂，那对应的蛋白质就很可能与有丝分裂相关。相比于删除某一个特定基因，向细胞中引入miRNA，继而阻止蛋白质的翻译，这样的处理方式显然简单很多。

梅洛和法尔的研究成果为他们赢得了2006年诺贝尔生理学或医学奖——这大概是该奖项有史以来得奖者从取得成果到获颁奖项时间间隔最短的一次。

"本年度的诺贝尔奖得奖者发现了控制基因信息流的基本机制。"

lncRNA、piRNA 和 miRNA 的种类成百上千，科学家每年还在陆续发现更多种类。2013 年，来自德国的尼古劳斯 · 拉耶夫斯基（生于 1968 年）和来自丹麦的约恩斯 · 凯姆斯分别带领各自的科研团队，发现环状 RNA（circular RNA）能通过擦除 miRNA，清除蛋白质翻译的障碍，从而实现调控转录的功能。而此前，科学家还一直认为它不起作用。

大多数调控 RNA 只有在特定类型的细胞、特定的发育阶段或需要应对像细菌感染这样的外界环境变化时才会产生。调控 RNA 的特定组合能协助每个细胞确定该转录哪些基因、生产哪些蛋白质。

"这似乎翻开了基因调控的全新篇章。"
"这些分子的背后，隐藏着一整个尚待探索和开发的 RNA 平行宇宙。"

不同表观遗传修饰之间的相互作用

我们已经提到过，lncRNA 和 piRNA 可以募集蛋白质来修饰 DNA、组蛋白和染色质结构，从而发挥调控基因转录的功能。我们也提及，在染色质的同一区域内，一些组蛋白修饰是如何依赖别的修饰模式来发挥作用的（见第 66 ~ 67 页）。

其他表观遗传修饰之间会相互作用，同样，它们与转录因子之间也存在着类似的互动。这种相互作用能加强或微调基因转录调控，也能使某些染色质的激活或沉默状态从原位点扩散到相邻或更远位置上的基因。

差一点就够着了！
我们得齐心协力，把这个基因关掉！

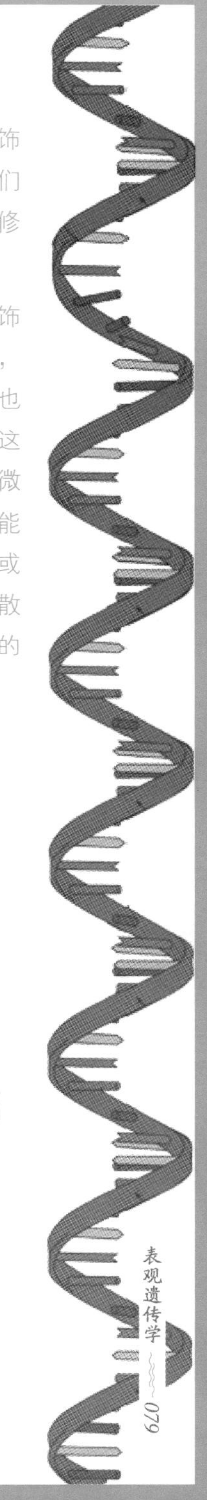

专门结合在甲基化 DNA 和其他抑制性表观遗传标记上的“解码器”蛋白质还有别的大招：它们能募集其他“荧光笔”蛋白质。新募集的蛋白质可以使附近的 CpG 甲基化，添加抑制性组蛋白修饰或者将染色质重塑至更紧凑的状态。有的“解码器”蛋白质能识别乙酰基团及其他激活转录的组蛋白修饰，它们能以类似的方式放大和增强各种修饰发出的信号。

表观遗传修饰相互增强的顺序尚未明确——我们还没弄清楚是哪种修饰建立起抑制或激活的状态，又是哪种修饰在维持这些状态。这很可能因具体情况而异。

参与表观遗传调控的 RNA 和蛋白质也会受表观遗传修饰的调控。每个调控 RNA 都需要先被转录出来——每个“荧光笔”蛋白质、“橡皮擦”蛋白质或“解码器”蛋白质的产生需要经历转录和翻译的过程。正如其他基因或蛋白质，这些过程都会受到转录因子、DNA 甲基化、组蛋白修饰、染色质重塑、细胞核分区和 RNA 的共同调控。

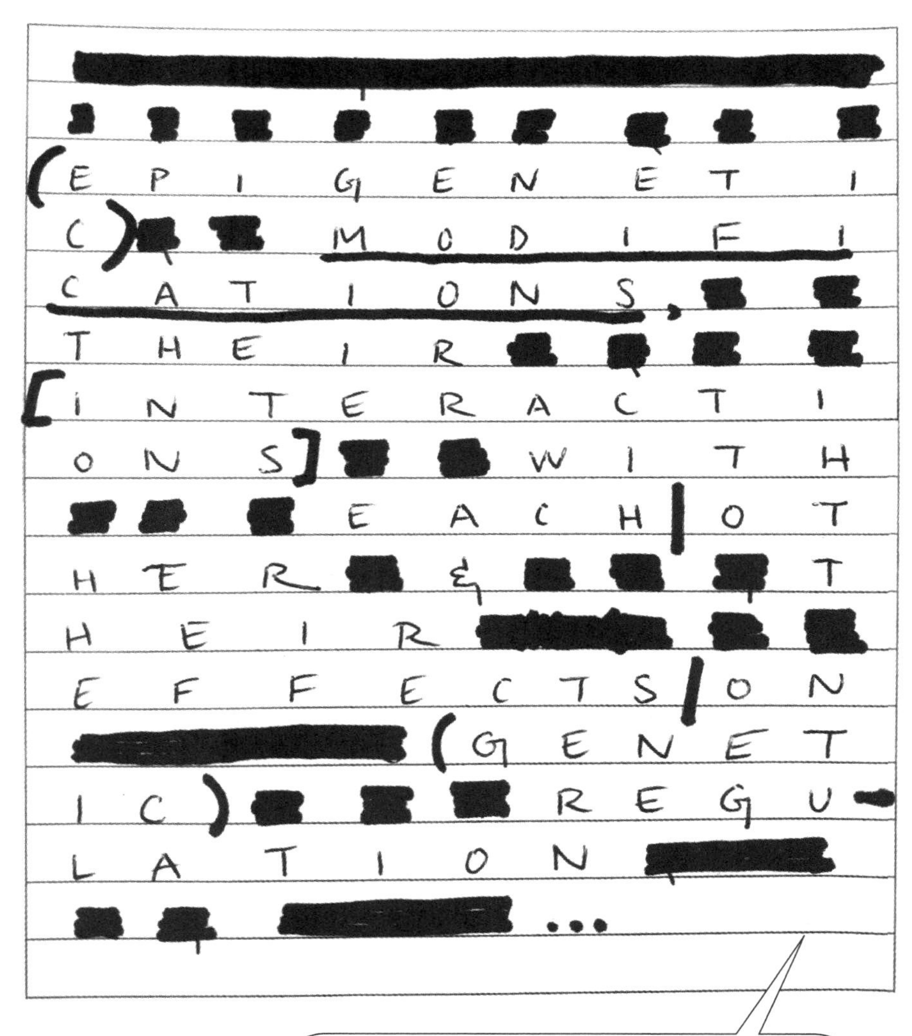

……表观遗传修饰以及彼此间的互动，外加它们对基因调控施加的影响，呈现出一套极其复杂的规律和准则，科学家还得在这个领域研究许多年！

表观遗传学解释了遗传学无法自圆其说的问题

从人的受精卵的首次细胞分裂、繁衍后代，到最后步入老年期，DNA 甲基化、组蛋白修饰、染色质重塑和调控 RNA 都参与了众多贯穿人的一生的生命过程。在解释生命历程如何运作的庞大版图中，我们对各种表观遗传修饰的探索和研究成果只呈现出其中的零星碎片。

利用表观遗传学，我们逐渐能解释细胞分化、印记、先天遗传与后天环境的相互作用，表观遗传学也弥补了我们在遗传学认知上的部分空白。

表观遗传学领域尚未发展得十分成熟、先进，但它的确破解了一些多年悬而未决的谜团。

胚胎发育过程中的表观遗传变化

新形成的受精卵从父母双方遗传了染色体（连同依附其上的蛋白质和调控 RNA），它也获得了精子细胞内的部分 RNA 和蛋白质。但是，受精卵中大多数的 RNA 和蛋白质都是来自卵细胞。

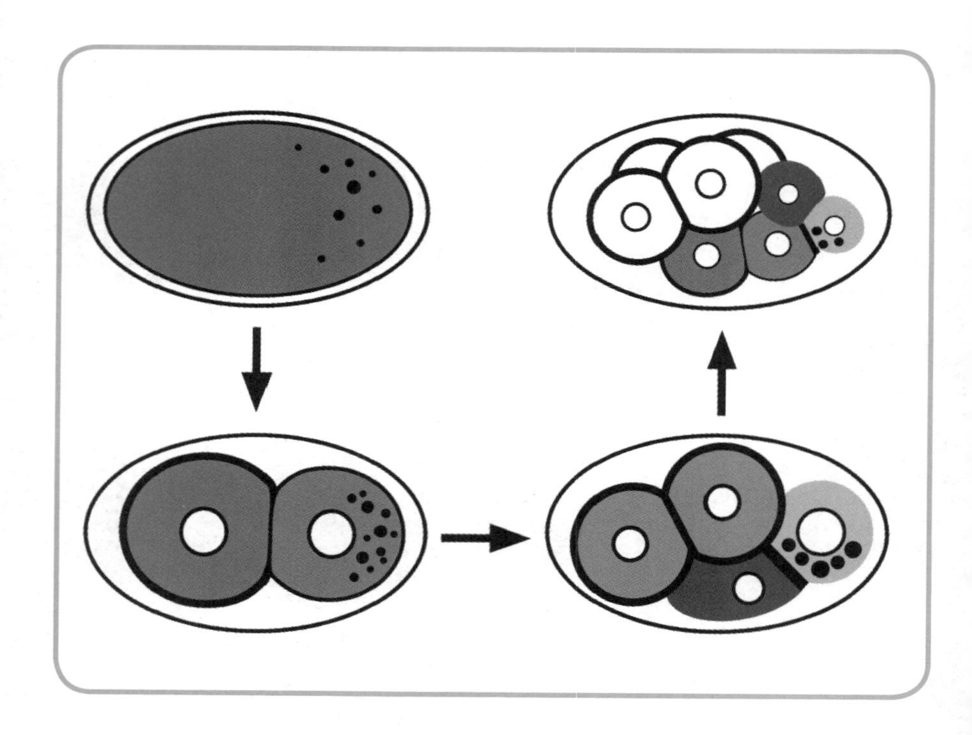

因为一些从卵细胞遗传的分子涉及表观遗传修饰模式的建立，所以在胚胎发育的最早期，细胞间的表观遗传差异就已经显现出来了。

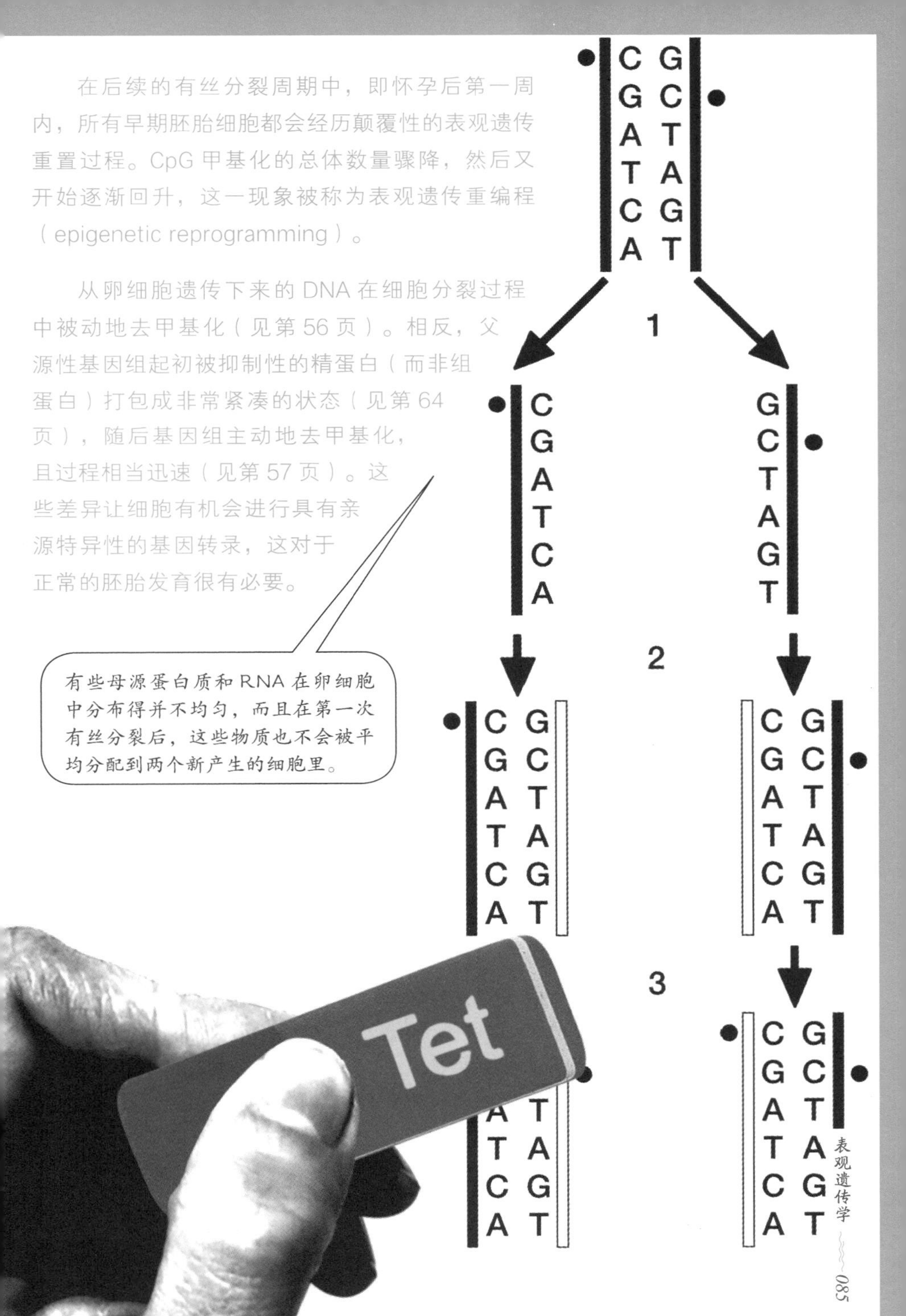

在后续的有丝分裂周期中，即怀孕后第一周内，所有早期胚胎细胞都会经历颠覆性的表观遗传重置过程。CpG 甲基化的总体数量骤降，然后又开始逐渐回升，这一现象被称为表观遗传重编程（epigenetic reprogramming）。

从卵细胞遗传下来的 DNA 在细胞分裂过程中被动地去甲基化（见第 56 页）。相反，父源性基因组起初被抑制性的精蛋白（而非组蛋白）打包成非常紧凑的状态（见第 64 页），随后基因组主动地去甲基化，且过程相当迅速（见第 57 页）。这些差异让细胞有机会进行具有亲源特异性的基因转录，这对于正常的胚胎发育很有必要。

有些母源蛋白质和 RNA 在卵细胞中分布得并不均匀，而且在第一次有丝分裂后，这些物质也不会被平均分配到两个新产生的细胞里。

父源和母源基因组被重新甲基化，这顺应了细胞分化的趋势。新甲基基团的结合位点在不同细胞中呈现出越发明显的差异。

表观遗传修饰模式最初的分化源自第一次不对称有丝分裂。每个新产生的细胞中呈现出独特的表观遗传景观，这导致后续产生了不同的表观遗传调控物和转录因子的组合，从而扩大了细胞间的原始差异。该循环周而复始，促使每种成熟细胞界定和保持其越发独特的表观遗传模式。

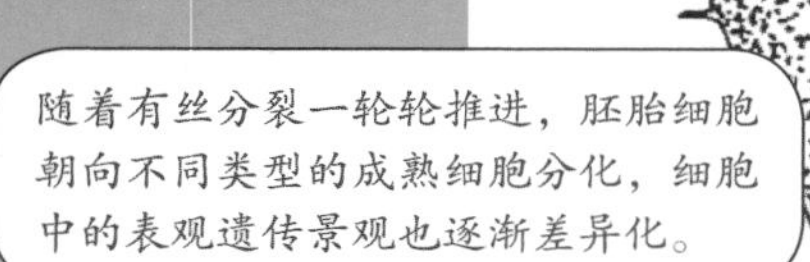

随着有丝分裂一轮轮推进，胚胎细胞朝向不同类型的成熟细胞分化，细胞中的表观遗传景观也逐渐差异化。

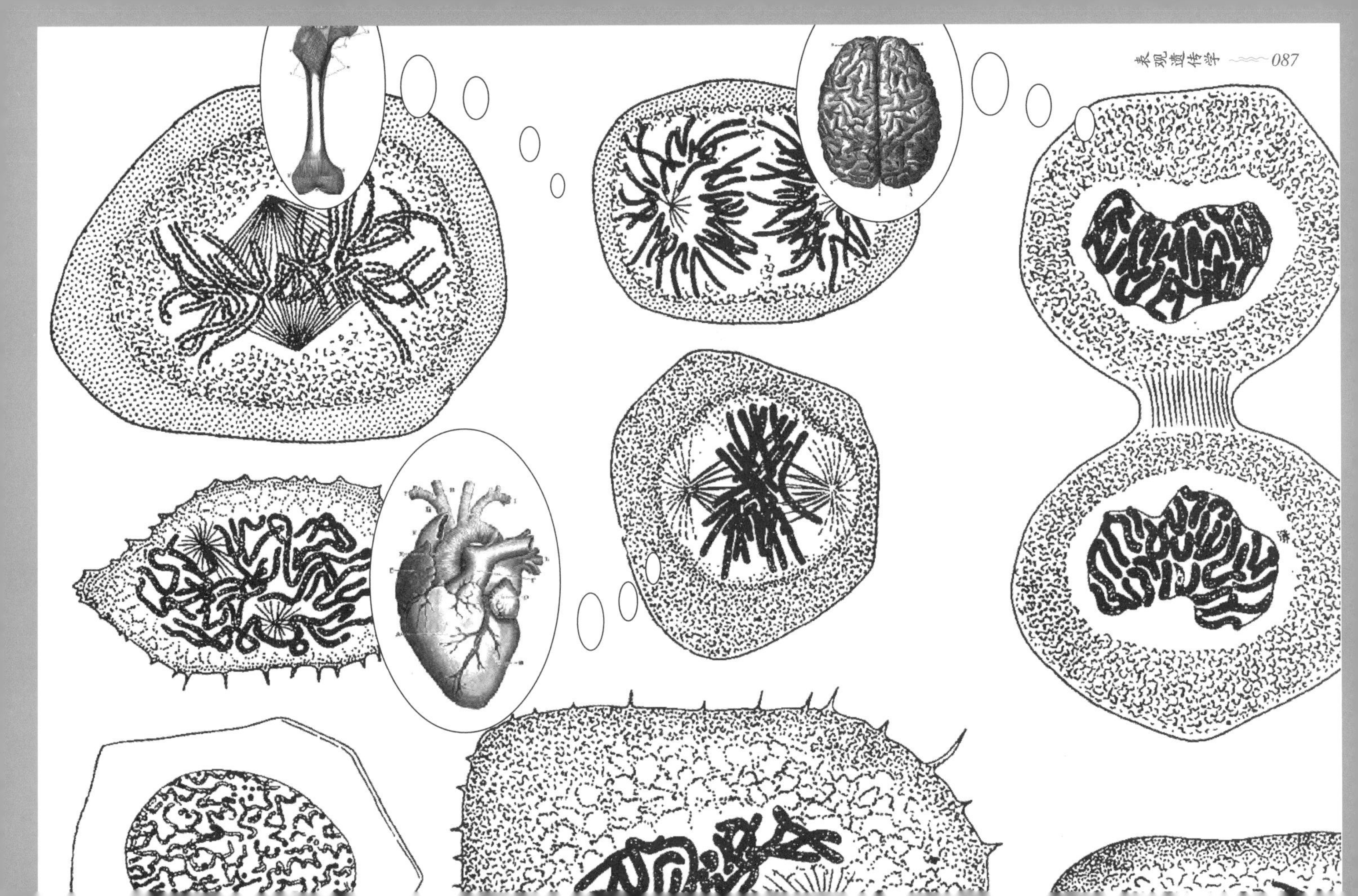

虽然 DNA 甲基化扮演着非常重要的角色，但是其他类型的表观遗传调控也在驱动胚胎发育中的细胞分化过程。在表观遗传调控的网络中，所有基于 RNA 和蛋白质的组成部分相互协助，共同调整、扩散和增强每种细胞所特有的表观遗传模式。

一旦细胞完全成熟，它们的表观遗传模式（及其基因转录模式、RNA、蛋白质）会渐趋稳定，并在日后的有丝分裂周期中被不断复制。自此以后，胚胎将把重心从细胞分化逐渐转向到个体成长上。

进入孕期的第 10 至 11 周后，一些成熟的胚胎细胞会经历第二轮表观遗传重编程。这次，母源和父源基因组同时去甲基化，但父源基因组会先进行重新甲基化。同样，这种时间差也有利于细胞进行亲源特异性的基因转录。

现在我们更加成熟了，终于能在肝脏落地生根。每天辛勤工作，制造更多的肝脏细胞，这不是挺好的吗？

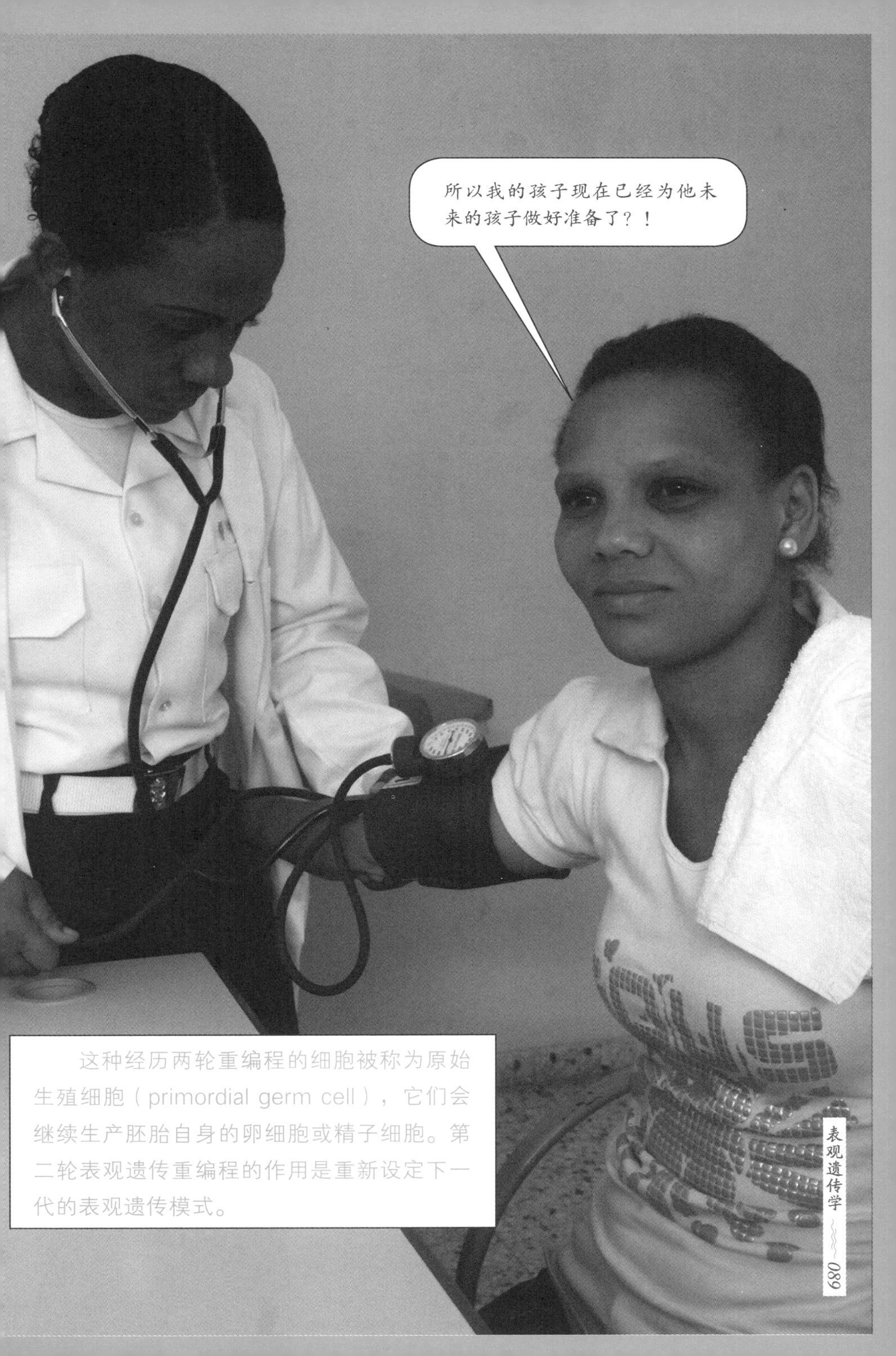
所以我的孩子现在已经为他未来的孩子做好准备了？！
这种经历两轮重编程的细胞被称为原始生殖细胞（primordial germ cell），它们会继续生产胚胎自身的卵细胞或精子细胞。第二轮表观遗传重编程的作用是重新设定下一代的表观遗传模式。

部分基因组会跳过其中一轮或两轮表观遗传重编程。比方说，大多数重复 DNA 在活跃状态下会诱发有害的基因突变，这些基因在两轮重编程过程中依然保持甲基化。

piRNA 对重复基因的持续抑制很重要，因为胚胎和生殖细胞发育是极其敏感、复杂且关键的过程 。在这些时期，重复因素引起的 DNA 复制错误和其他突变尤为危险，可能会导致伴有终生后遗症的胎儿畸形，甚至自发性流产。

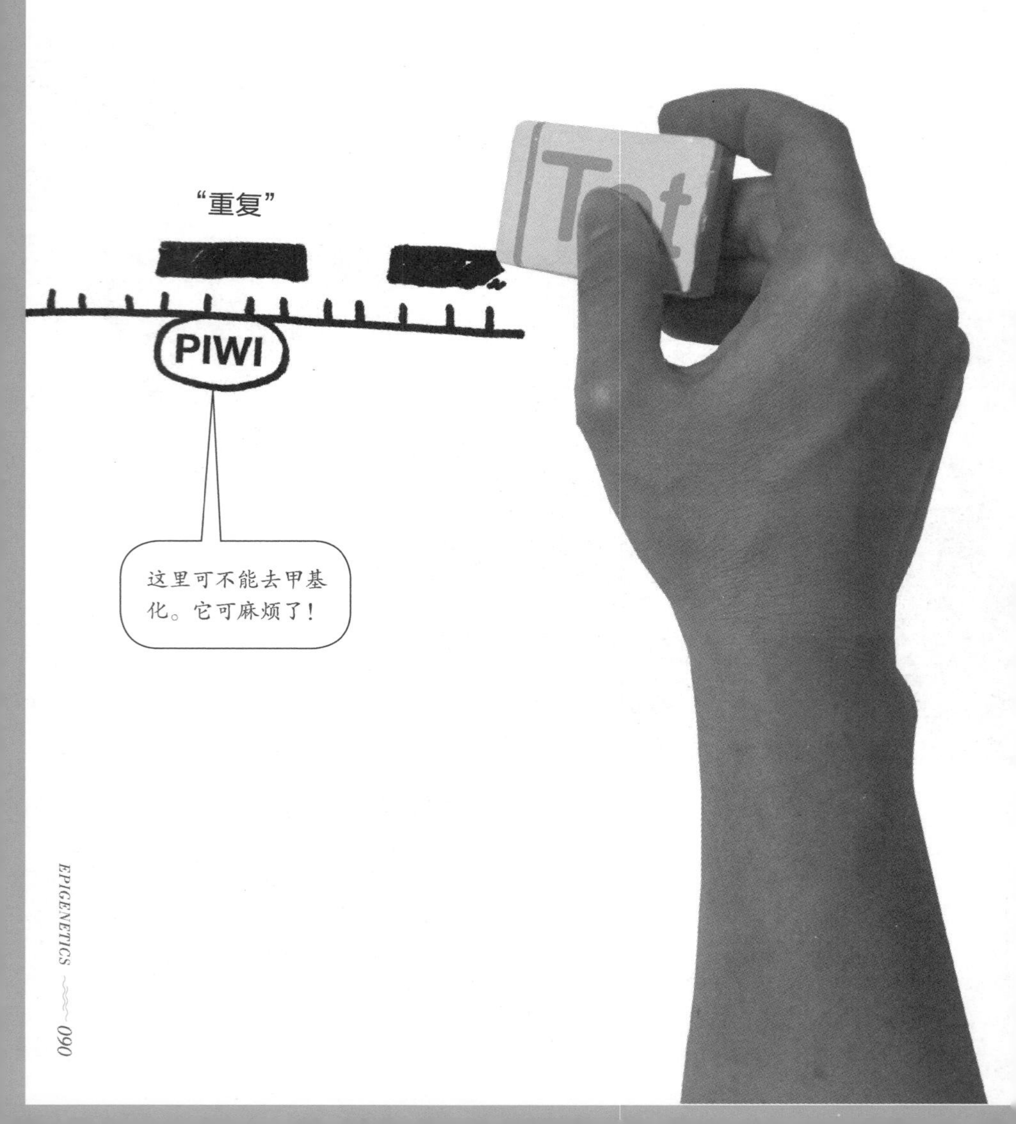

许多印记基因——带有亲代印记的等位基因具有不同的表达特性，子代只转录亲本一方的遗传信息（见第 26 页）——都参与到细胞生长和发育的调控中，所以胚胎中的印记基因必须受到严格调控。印记基因与名为印记控制区（imprint control region，ICR）的 DNA 片段有关。

ZFP57 蛋白质能识别和结合到甲基化的 ICR 上，它会召集伙伴来共同保护这片区域，防止其在胚胎发育早期的首次表观遗传重置中被去甲基化。ZFP57 并不存在于原始生殖细胞中。因此，不受保护的印记基因在原始生殖细胞的发育中会经历去甲基化和重新甲基化的过程。

派 ZFP57 到早期胚胎印记控制室。
必须确保甲基基团维持原位。

印记基因只能通过母源或父源染色体转录，这对它们正常发挥功能十分关键。研究者曾在小鼠胚胎细胞中人为植入两组母源或父源基因组，让其不只拥有一套亲源基因，最终胚胎在发育期的最早阶段就死亡了，还没来得及移植到子宫中。

一些人类病症就是由印记错误导致的。印记失调的儿童通常患有先天性智力障碍及反常的体质特征，这更突显了胚胎发育时期正常印记的重要性。

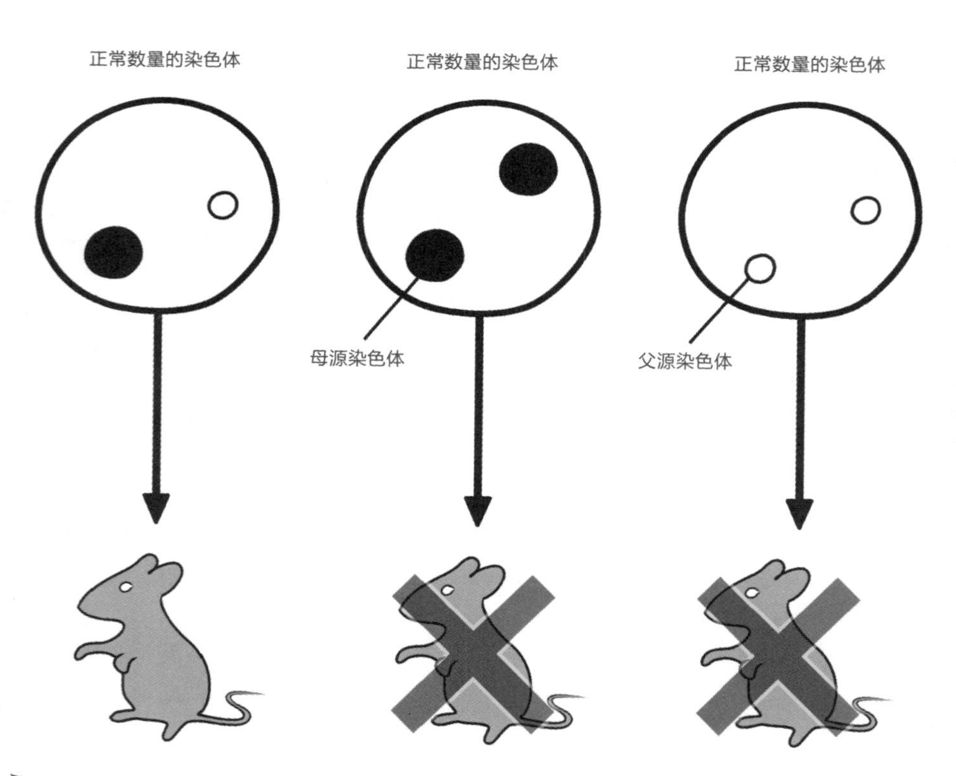

印记基因倾向于聚合成簇。每一个基因群有自己的印记控制区，ICR 能通过各自独特的机制来协调整个基因簇的调控。

ICR 的甲基化状态决定了该簇群中的哪个基因该转录自哪条染色体。例如，某个基因能转录产生名为 Kcnq1ot1 的 lncRNA，在母源染色体上该基因附近的 ICR 发生甲基化，而在父源染色体上则没有出现甲基化的情况。因为 DNA 甲基化会抑制基因的转录，所以 Kcnq1ot1 只能通过父源染色体产生。

我体内的控制 lncRNA 生成的印记控制区去甲基化了，所以我能制造出许多 Kcnq1ot1。这是男性独有的。

托马斯·奎因

lncRNA Kcnq1ot1 可不是个冒险家，它喜欢离家近一些。该 RNA 的一端与同一印记基因簇内的 DNA 片段互补序列配对，附着在转录该 RNA 的同一条染色体上。另一端则会募集可以修饰组蛋白的蛋白质，这些蛋白质会关闭邻近印记基因 Cdkn1c 的转录。

因为 Kcnq1ot1 只从父源染色体上转录而来，所以 Cdkn1c 也就只能产生于母源染色体。也就是说，一个母源染色体上的 ICR 甲基化既能决定一个基因只从母源染色体上转录，也能决定另一基因只从父源染色体上转录。

有些印记基因簇只受特定细胞产生的调控 RNA 和蛋白质控制，因此，有些基因只在某些组织中是印记基因。

原始生殖细胞会重置 ICR 甲基化模式（见第 89 页）。在这个过程中，男性胚胎会擦除从母亲遗传下来的母源 ICR 甲基化模式，因此，随后产生的精子细胞中只含有标记为父源的染色体，女性胚胎的处理方式则相反。ICR 甲基化模式一旦设定，则在下一代的原始生殖细胞形成前都不会改变。

lncRNA Kcnq1ot1 依附于转录它的染色体上，这会抑制另一个邻近印记基因的表达。因此，Cdkn1c 只能从母源染色体上转录而来。

原始生殖细胞可以重置印记基因，使所有成熟精子细胞中的染色体都被标记为“父源”，而所有成熟卵细胞中的染色体也同样被标记为“母源”。

X 染色体失活

我们前面已经讨论过，包含两条 X 染色体的细胞会使其中一条 X 染色体失活，以弥补 X 染色体和 Y 染色体大小上的差异（见第 27 页）。这种现象也受表观遗传机制的调控。实际上，X 染色体失活现象完美诠释了不同类型的表观遗传调控——完全由一条 lncRNA 指导的 DNA 甲基化、组蛋白修饰和染色体重塑——是如何相互合作，建立和维系稳定的染色质状态。

包含 XX 染色体的胚胎在发育最早期时，父源 X 染色体在每个细胞中都处于失活状态。然而在受孕一周内，待细胞经历首轮表观遗传重编程时，这种失活状态就会被彻底改变。当基因组被重新甲基化时，母源或父源染色体会被随机激活。

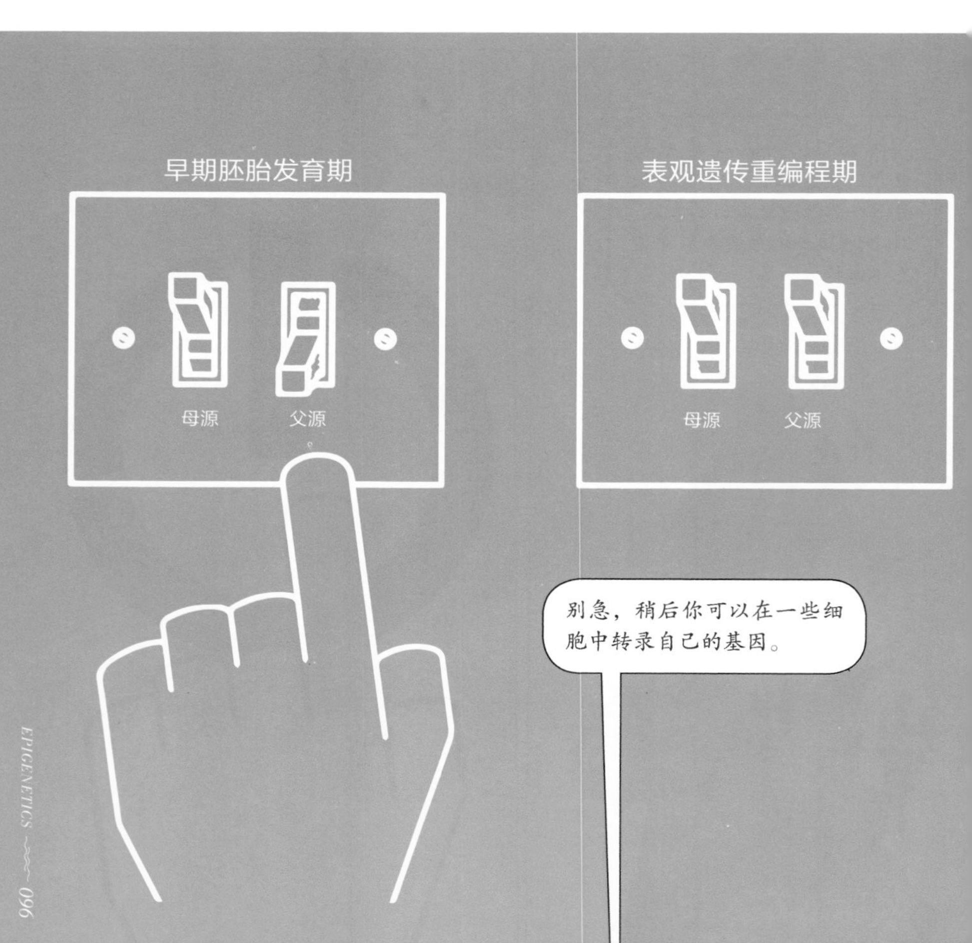

X 染色体的随机失活现象在早期胚胎的每个细胞中独立出现。在最初分裂形成的那批成熟细胞中，失活的都是同一亲源的 X 染色体。因为每个细胞产生的子细胞都倾向于成簇聚合，所有 XX 型雌性哺乳动物的器官和组织会像马赛克一样集结成镶嵌体，不同区域内失活的 X 染色体也不一样。

沉默的 X 染色体在雌性原始生殖细胞中被重新激活，X 染色体的随机失活得以在后代中进入下一个循环，形成新的镶嵌模式。

举个典型的例子，玳瑁猫和三色猫的毛色就充分体现了雌性哺乳动物是染色体镶嵌体这一普遍原则。每种毛色的色块都代表着从同一个早期胚胎细胞繁衍而来的皮肤细胞簇，这些早期胚胎细胞中的 X 染色体随机失活，随之关闭了染色体上橙色或黑色毛发基因的表达。

我们的环境如何影响基因

表观遗传学研究也在“先天还是后天？”这一历史悠久的问题上掀起了一场革命。

某些化学物质能与细胞内或细胞表面的特定受体蛋白质（receptor protein）结合。这引发了信号级联放大（signalling cascade）反应，意思是蛋白质一层层地往下传递信息，最终将信息传到细胞核内。有些级联反应是由生物体外的分子所引发的（也就是我们常说的“环境”或“后天”），有的则是由身体内天然产生的荷尔蒙和其他化学物质导致的（即“遗传”或“先天”）。细胞对这些信息的最终反应有时涉及调控表观遗传修饰的蛋白质和 RNA 的变化。

环境因素能引起表观遗传的改变，这解释了我们的性状和对疾病的易感性是如何受到遗传和环境的双重影响。这两种“相互对立”的影响因素之间的界线正逐渐变得模糊。

环境会影响表观遗传，相关研究开始于以近交系小鼠——刺鼠（agouti）命名的 agouti 基因（“刺鼠基因”）的实验。刺鼠有一个临近 agouti 基因的重复 DNA 片段，当该片段未被甲基化时，基因会被频繁激活，导致小鼠毛色变黄、肥胖、患 2 型糖尿病，且患癌风险增加。当该 DNA 被甲基化后，agouti 基因沉默，小鼠变得毛色深沉、体型较瘦、体质更健康。

怀孕的刺鼠食用如叶酸等富含甲基的补充物后，胚胎细胞中重复 DNA 片段的甲基化程度更高。这种影响的强度与 DNA 甲基化程度呈正相关。

你妈妈肯定被喂了叶酸含量高的食物，因为看起来你的 agouti 基因被甲基化了！
噢，黑得跟碳似的！

科学家也曾在实验室环境下将人类细胞暴露于化学物质下，然后观察曾接触过相同化学物质的人，并对比两者的表观遗传模式。这些研究都证实了许多环境因素会影响表观遗传。表观遗传修饰物对人体的影响有利也有弊，造成恶性影响的物质有尼古丁、苯、砷、病毒等，而对人体有利的物质包括叶酸和维生素 C 等。

在人体发育的任何阶段，环境因素都会影响我们的健康。但正如上述的例子，刺鼠子代因亲代怀孕时的膳食而受到终生的影响，我们在发育时期对表观遗传的变化更为敏感，无论我们是在妈妈的子宫里，还是在童年成长期中。

我们的饮食、习惯和其他环境因素都能造成对细胞有害或有利的表观遗传变化。

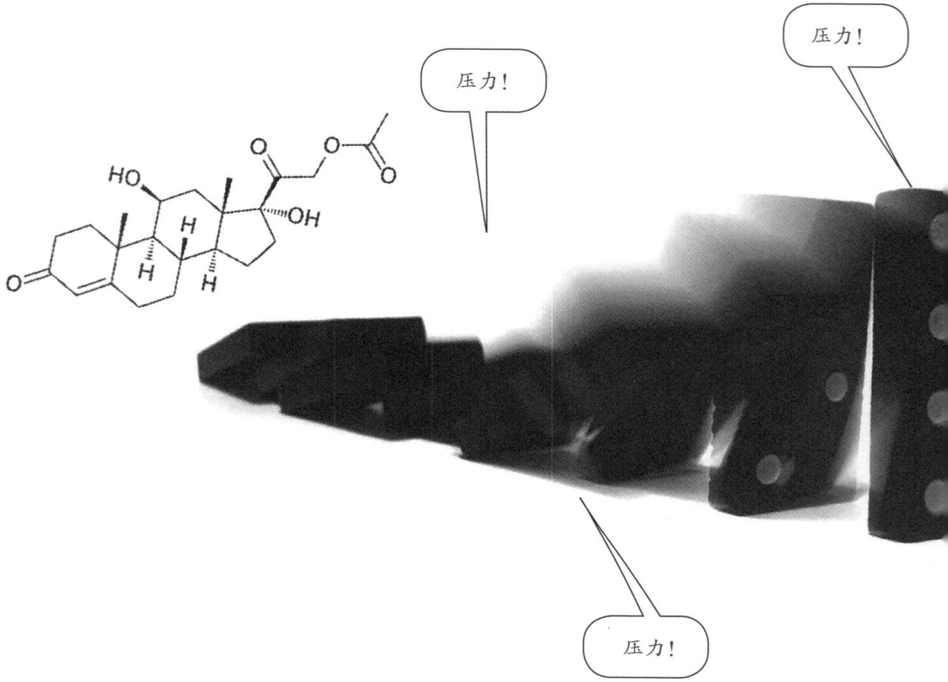

童年环境能对人产生长期的表观遗传影响，其中一个例子是，如果儿童经历过身体或情感上的虐待，他们终身的健康状况往往欠佳。即使受虐者对虐待没有清晰的记忆，他们也承受着更高的心脏病、癌症、（精神性）物质滥用、抑郁症和其他病症的患病风险。受虐经历引起了永久性的 DNA 甲基化变化。科学家认为，其诱因应是“压力荷尔蒙”皮质醇（cortisol），这种激素在受虐儿童体内大量存在。

人们希望，这一领域的研究能帮助科学家研制出相关药物或其他干预措施，保护受虐待的儿童在日后的人生中免受健康问题的困扰。

成年后的行为和环境接触也会产生重要影响。例如，在数个世纪以前，人们就已经知道锻炼有益于身体健康，但一直不清楚原因。燃烧更多热量、改善心血管健康、增强肌肉力量等好处相对容易解释——但为什么锻炼能降低癌症、痴呆和抑郁症的患病风险呢？

目前我们知道的是，锻炼能引起 miRNA 的生成和 DNA 甲基化模式的变化。锻炼也与控制细胞分裂和炎症的基因沉默有关，这可能也是锻炼能降低患癌和其他疾病风险的原因。

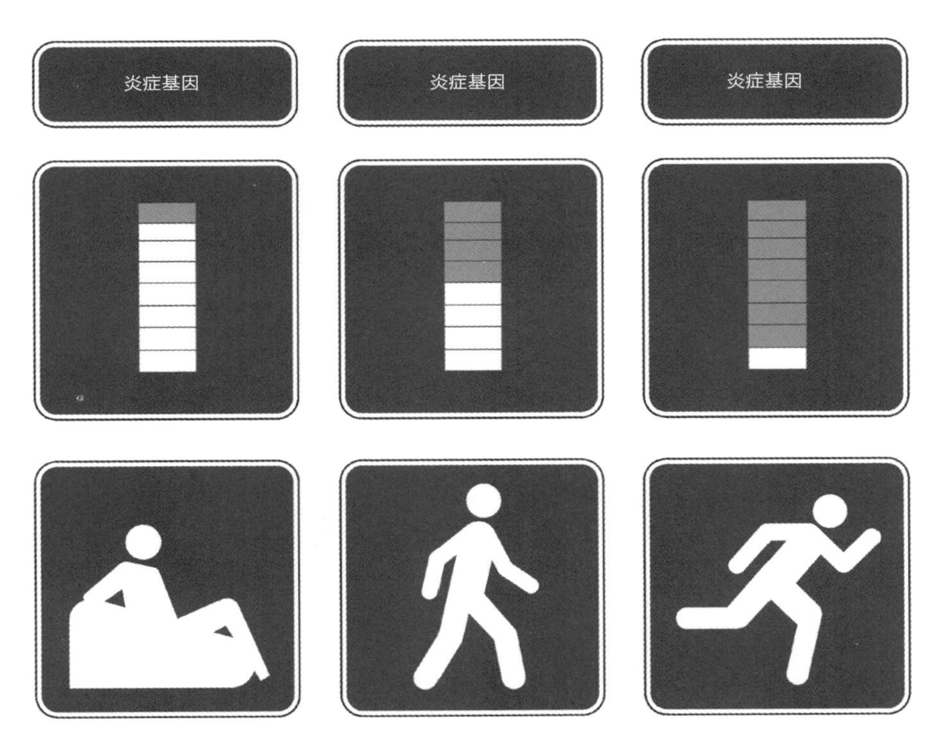

不完全一样的同卵双胞胎

非遗传因素能改变表观遗传修饰模式，这解释了为什么同卵双胞胎并非完全一样。双胞胎体内拥有相同 DNA 序列，但随着年龄增长，他们各自积累了越发不同的经历和环境因素，这为研究表观遗传学对人类健康的影响提供了独特的良机。

2005 年，西班牙遗传学家马尼尔・埃斯特列尔（生于 1968 年）对比观察了处于不同年龄段的同卵双胞胎的染色质状况，研究对象覆盖从出生到老年的不同年龄层。如我们所料，双胞胎在刚出生时拥有极其相似的表观遗传修饰模式，但随着时间推移，他们的 DNA 甲基化模式，尤其是组蛋白修饰模式逐渐产生差异。双胞胎分离时间越长，这种差异就越明显。

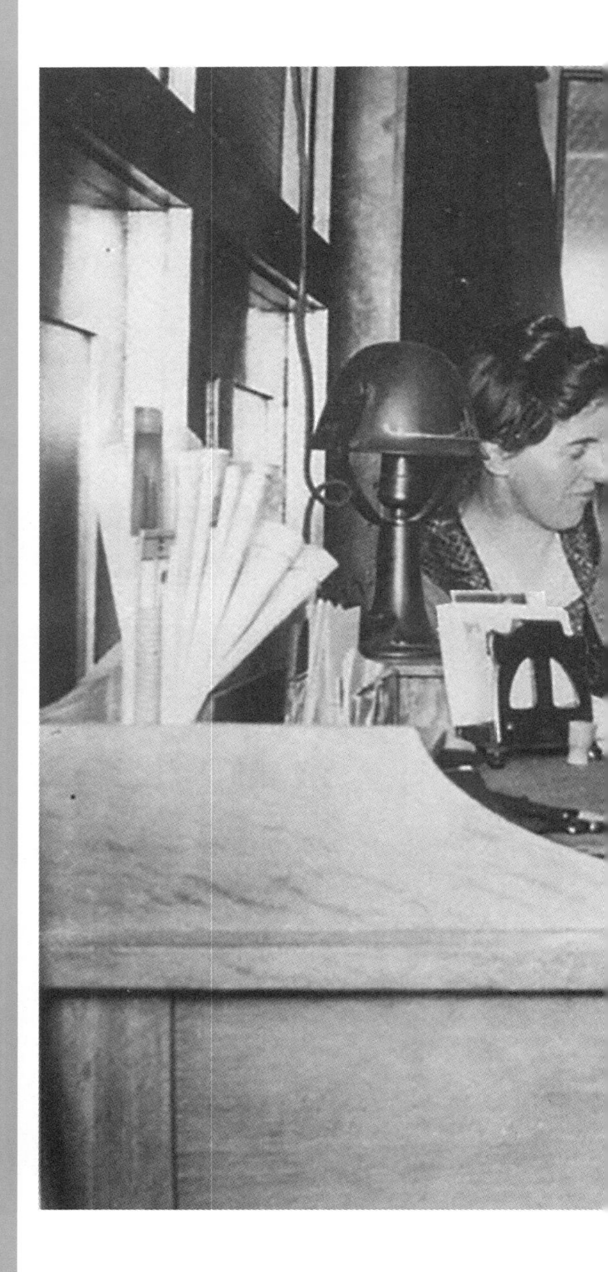

唉，又来一个遗传学家？我猜猜，是来找我们要相同的 DNA 吧？
不，我是一名表观遗传学家，我想要的是你们体内日渐趋异的染色质。

表观遗传学领域中，传统的双胞胎研究无非是对比观察一方吸烟、另一方不吸烟的双胞胎，而如今的双胞胎研究则另辟蹊径，比如美国国家航空航天局（NASA）在2015—2016年进行了一项实验，测试对象是同卵双胞胎宇航员斯科特·凯利和马克·凯利，斯科特在国际空间站执行任务近一年，而他的双胞胎哥哥仍然在地球上，作为地面上的对照测试者。这次NASA太空表观遗传研究的研究成果备受期待。

我们回到地球上，2015年希瓦·辛格带领一支加拿大科研团队，在同卵双胞胎的血细胞中发现不同的DNA甲基化模式，这些双胞胎中其中一人患有精神分裂症，而另一人则没有。我们尚不清楚这些DNA甲基化模式的差异是否与病症直接相关，但这类研究可能会最终解释复杂失调病症的非遗传因素，也很可能帮助高风险患病人群预防疾病。

表观遗传学研究也可能应用于执法过程中。例如，当 DNA 证据指向双胞胎中的一人为犯罪嫌疑人时，表观遗传学能介入分析并帮助破案。这听起来很像北欧刑侦剧里的剧情，但类似的真实事件在全球范围内已多次发生！

除了区分双胞胎外，表观遗传学的应用范围还很广泛，采集犯罪现场证据并做表观遗传检验，也许能帮助警方推断疑犯特征，比如说疑犯可能是吸烟者、海洛因成瘾者或健身爱好者。我们还不太清楚特定化学物质和行为的表观遗传影响，但未来的侦查（和犯罪电视剧）很可能会引入此类表观遗传特征分析。

亚硫酸氢盐测序结果出来了。疑犯有92.7%的可能性是吸烟者，且经常锻炼。
700

表观遗传学遗传

在胚胎发育早期及原始生殖细胞发育时期，表观遗传重编程（见第85 ~ 89页）相当于按了重置键，以防止个体把一生中累积的表观遗传变化遗传给下一代。

大多数情况下，表观遗传记录板似乎会被擦得一干二净。但是，我们接下来要介绍的是，最近的科研成果中，有证据表明子女会从父母身上继承某些表观遗传。这个颇具争议的研究领域可能会产生广泛的影响——从怀孕时摄取的营养到我们对进化的见解都可能牵涉其中！

越来越多的证据证实一些表观遗传变化能由父母遗传给孩子——但遗传的方式会更加复杂微妙。

其中一个争议点是，很难将真正的表观遗传学遗传和在母亲子宫或童年早期受到的环境影响区分开来。

当细胞进行表观遗传重编程时，它们对环境因素尤为敏感。孕妇在胚胎发育第一周时接触的环境会对孩子造成影响终生的表观遗传变化。在孕期第 10 周至 11 周时，胚胎的原始生殖细胞开始发育，这段时期的环境变化也会对她未来的祖孙辈产生影响。

还有一个问题是，母亲在孕前的环境接触——或者也包括父亲接触的环境——是否会对下一代造成影响?

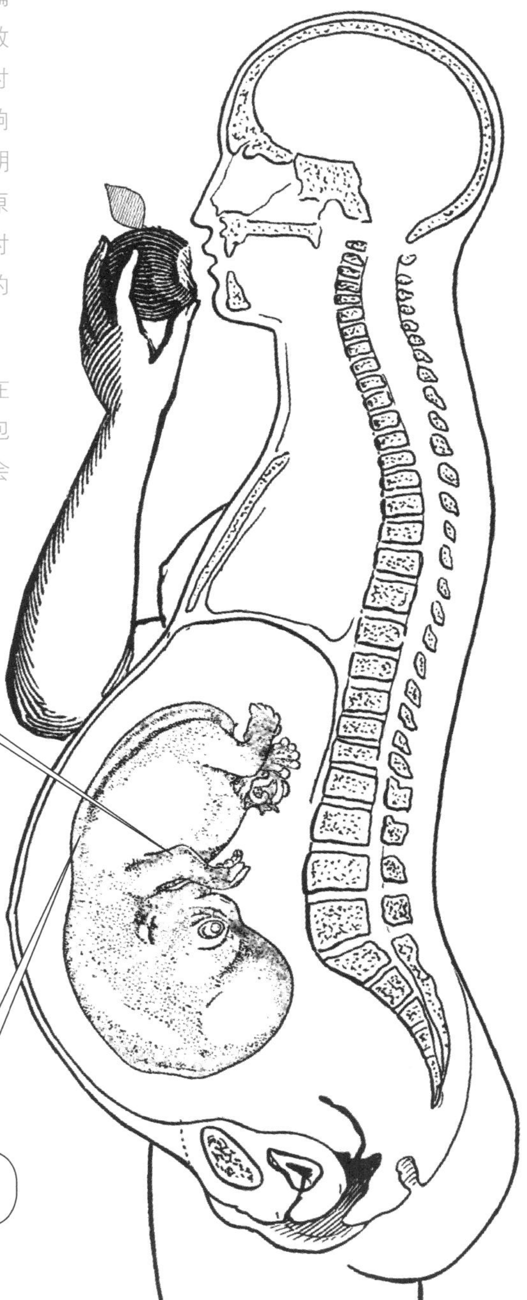

动物模型中的表观遗传学遗传

正如许多其他复杂的科学问题，研究表观遗传学遗传最简单的方式就是使用实验室动物做严格控制的实验。（动物研究受到严格监管，每项研究都需要单独经过专家批准。）科学家可以在动物研究中使用在人体研究中不可行或被禁止的技术。例如，怀孕期和哺乳期动物的饮食可以得到严格地把控；允许使用代孕“妈妈”；动物的新生儿可以被交由无血缘关系的“养母”抚养。这些方法让科学家得以区分并研究基因、表观遗传、养育方式和环境的影响，从而更好地理解性状遗传的方式。

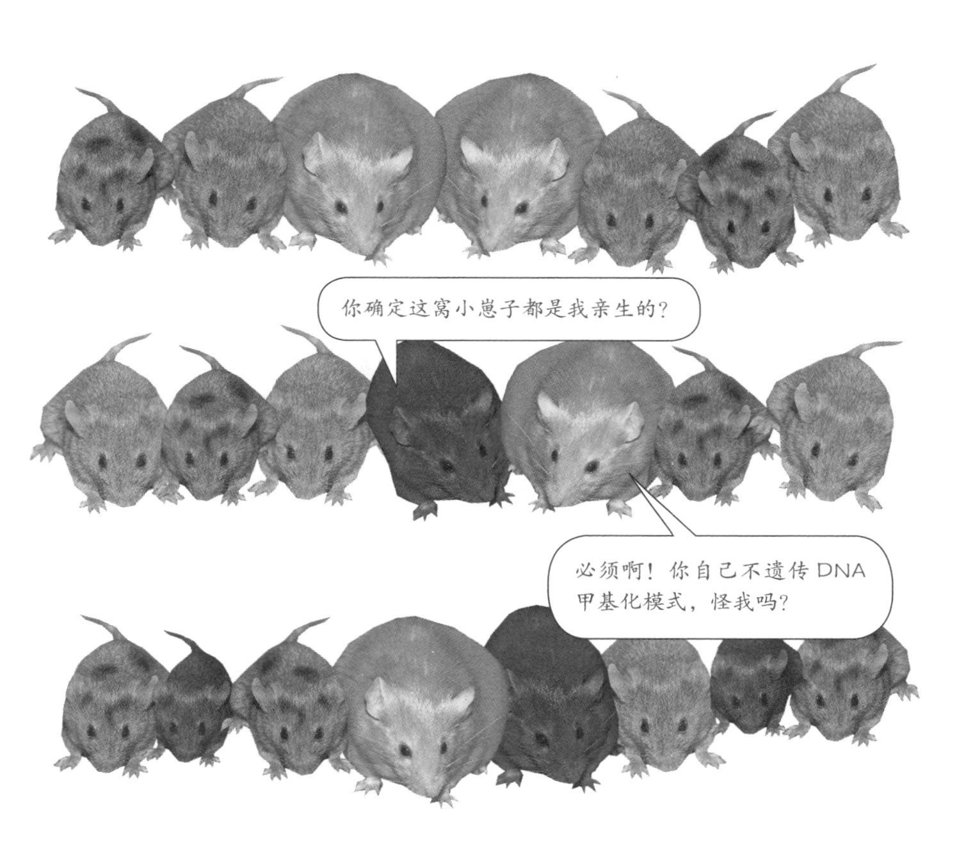

刺鼠的体质特征取决于其甲基化状态（见第 99 页），这很适用于表观遗传学遗传的研究。

在通常情况下，靠近 agouti 基因的重复 DNA 片段的甲基化程度因个体而异，而且甲基化程度决定了每只小鼠的性状——黄色毛色、患肥胖症和糖尿病（重复 DNA 未被甲基化），或是深色毛色、体瘦健康（重复 DNA 完全甲基化）。

雄性刺鼠的甲基化状态不影响后代，无论雄性刺鼠的毛色是黄色还是黑色，它们的幼崽在毛色和体重上都各有差异。

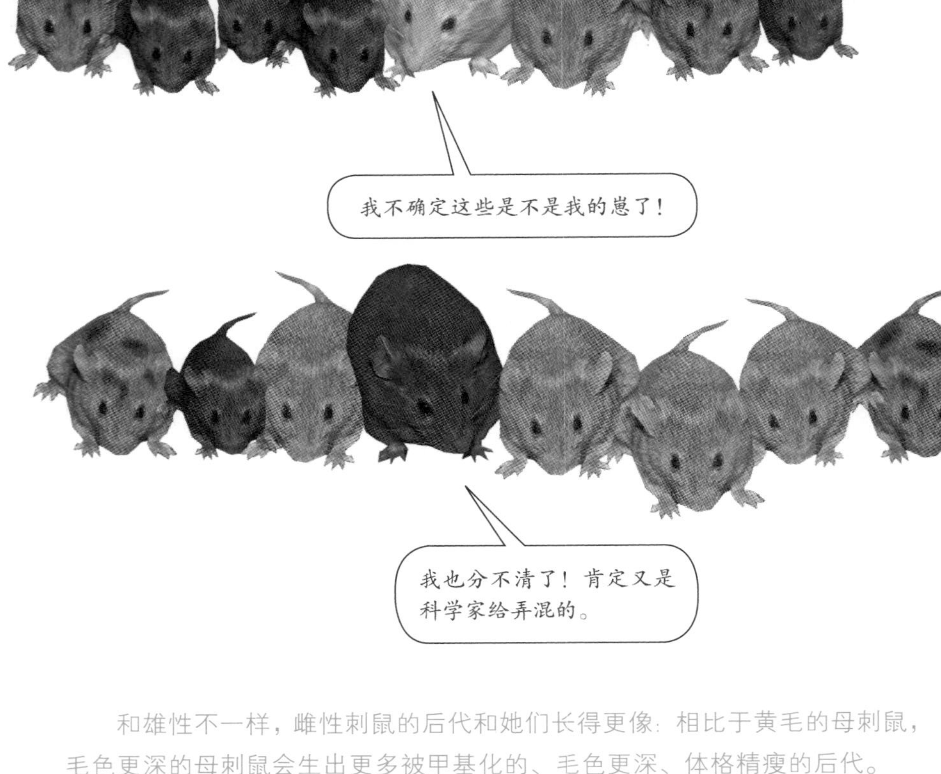

和雄性不一样，雌性刺鼠的后代和她们长得更像：相比于黄毛的母刺鼠，毛色更深的母刺鼠会生出更多被甲基化的、毛色更深、体格精瘦的后代。

因为只有母亲的 DNA 甲基化状态会影响后代，所以理论上，这种遗传机制可能与子代在亲代怀孕时接触的环境有关，而非直接的表观遗传学遗传。有可能是肥胖、患糖尿病的雌性刺鼠能提供更多糖分、荷尔蒙或其他物质，使其发育中的胚胎受到直接影响。

为了排除上述的可能性，澳大利亚遗传学家艾玛·怀特洛将刚受精的受精卵从深色雌性刺鼠的体内取出，并将其移植至黄毛雌性刺鼠的子宫中，反之亦然。她最终发现，影响下一代性状的是亲生母亲的甲基化状态，而非代孕母亲的状态，这为表观遗传修饰的直接遗传提供了证据。

和 agouti 基因一样，在某些种类的老鼠体内，axin（轴蛋白）基因受邻近的重复 DNA 片段控制。未被甲基化的重复 DNA 会干扰 axin 的转录，改变 mRNA 和对应蛋白质的序列。变异的 axin 蛋白质可导致小鼠尾巴打结。

和 agouti 基因不同的是，雄性和雌性老鼠都可以将它们的 axin 基因甲基化状态遗传给下一代：相比于尾巴扭结的父母，DNA 重复片段的甲基化程度越高、尾巴更直的父母会生下更多直尾巴的后代。同样，这项发现为表观遗传直接遗传提供证据，证明其与婴儿在母亲孕期接触的环境无关。

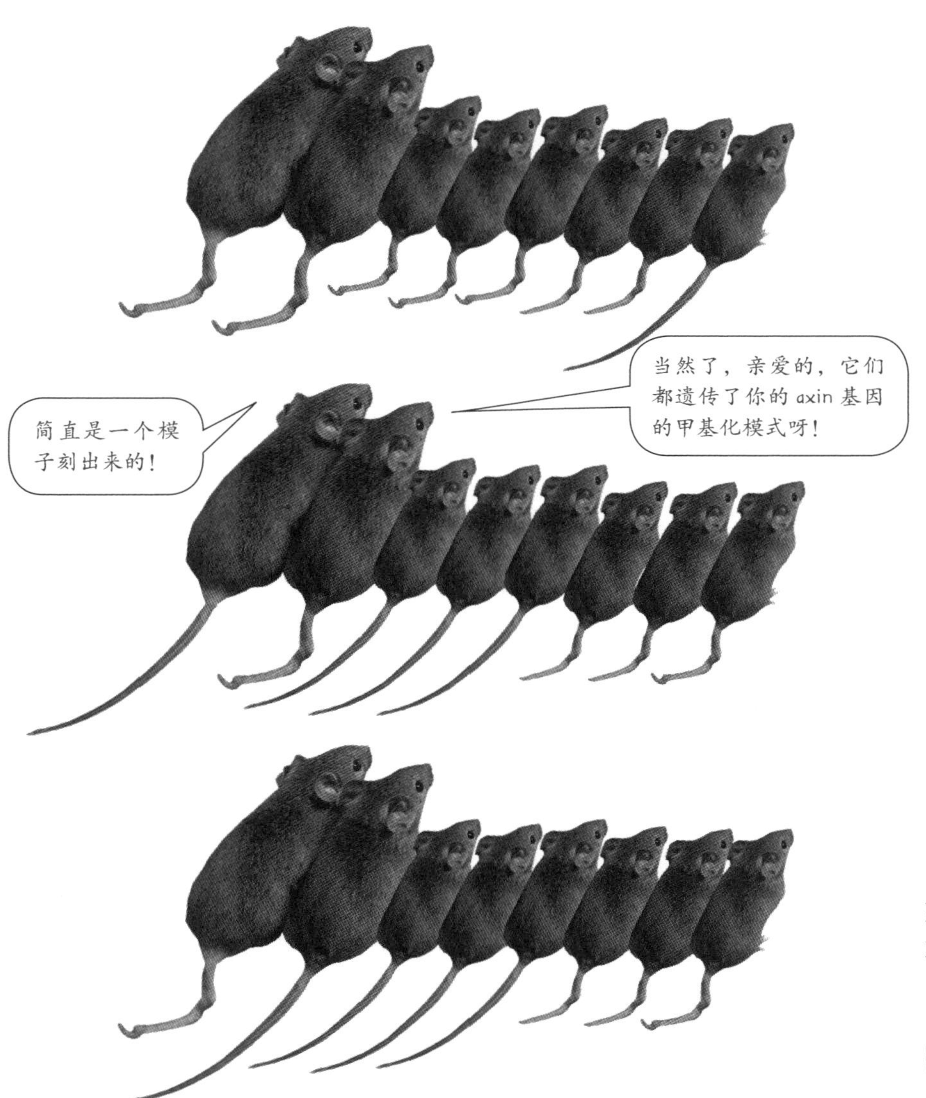

简直是一个模子刻出来的！
当然了，亲爱的，它们都遗传了你的 axin 基因的甲基化模式呀！

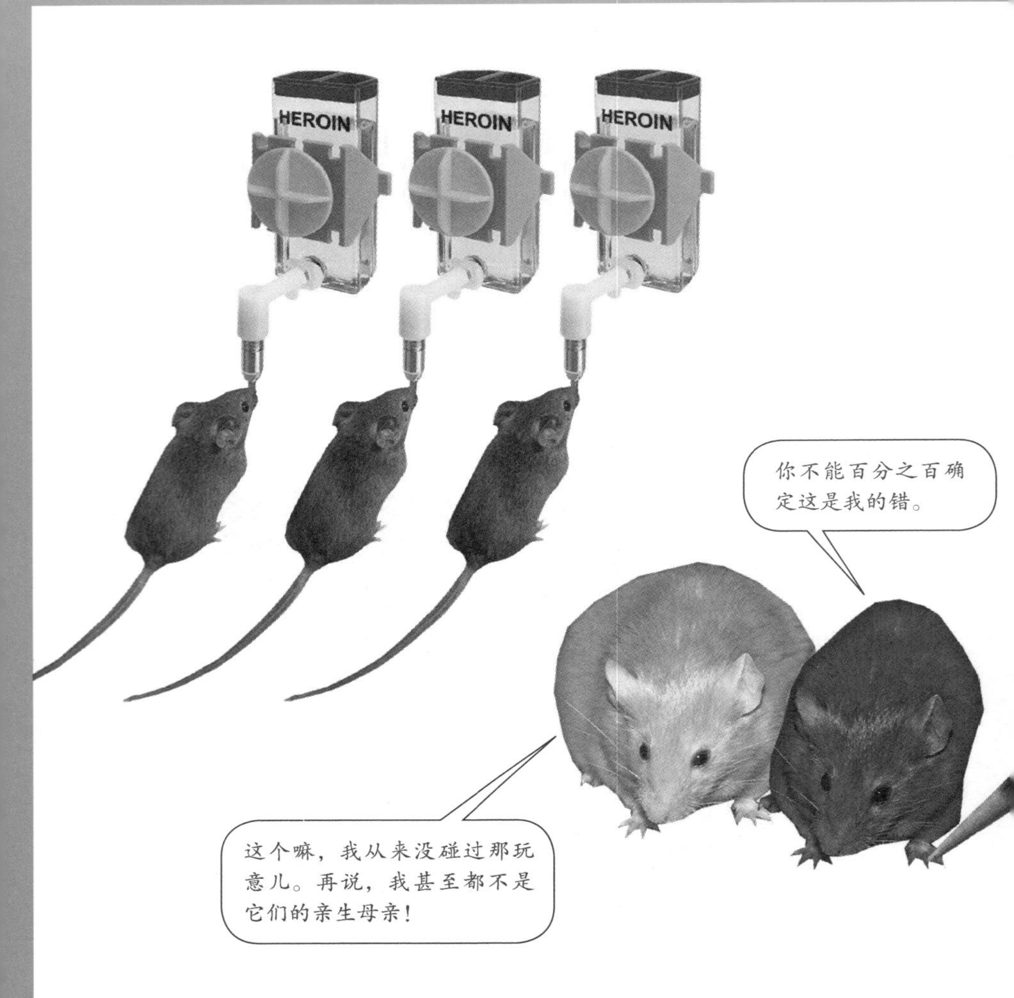

美国神经科学家亚丝明·赫德的研究也为表观遗传学的直接遗传提供了更多证据。她在实验中把处于青春期的小鼠暴露在四氢大麻酚（tetrahydrocannabinol，THC，大麻中的主要活性成分）的环境里。

当小鼠把所有 THC 排出体外后，赫德的团队让实验组老鼠和非实验组老鼠交配。因为担心药物会影响生母的养育技能，他们把交配后诞生的后代交由未接触过 THC 的养母小鼠哺育。

当幼崽们发育成熟后，它们会接触到装有海洛因的装置，但这套装置需要它们自行努力才能服用到海洛因。亲代一方曾暴露于 THC 环境下的幼崽愿意为了尝到海洛因而更加卖力。

对于曾在青春期暴露于 THC 环境下的雄性和雌性小鼠，它们的后代都表现出海洛因成瘾的倾向。而这些幼崽的下一代——实验组老鼠的孙辈——也同样表现出变异的行为模式。

亚丝明·赫德在 2014 年做的初步研究表明，曾暴露于 THC 环境下的小鼠所繁衍的后代，其脑细胞中的 mRNA 和蛋白质生成模式出现了变异。一些受影响的蛋白质成了大麻类药物的受体，且与强迫症行为、药物上瘾有关。该团队在 2015 年做了后续跟踪研究，他们发现脑细胞特有的 DNA 甲基化发生变异，并关联到基因转录模式的变异。

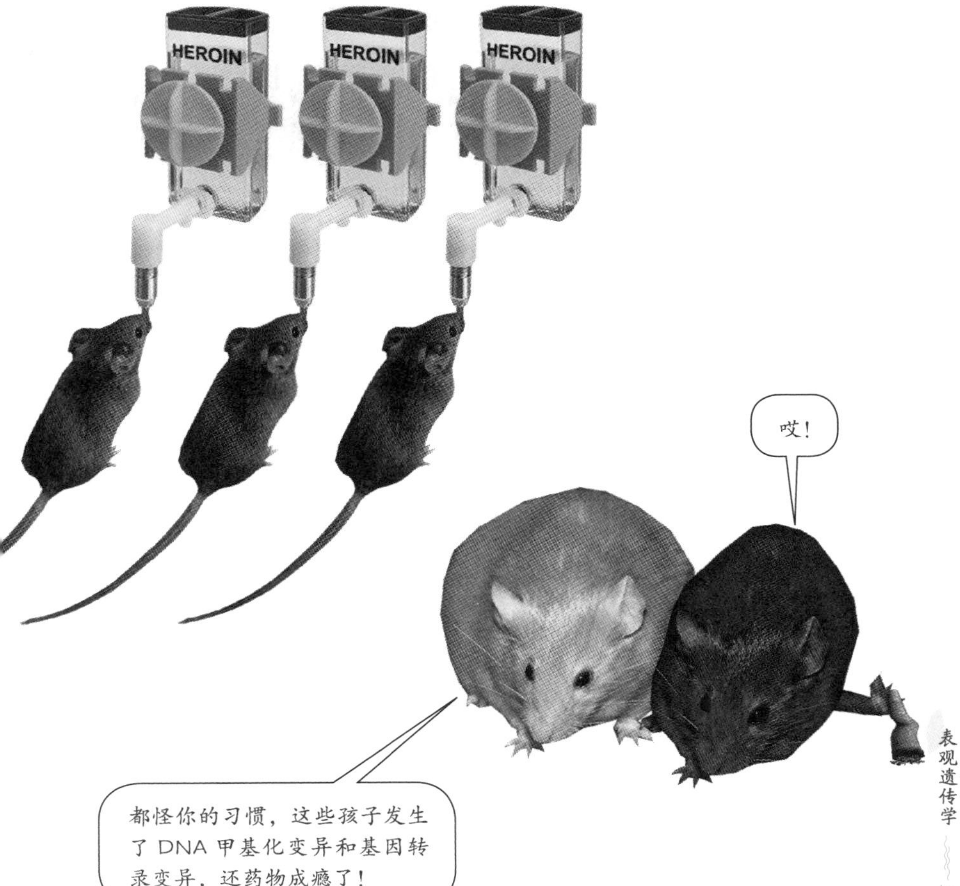

表观遗传修饰也能被间接遗传。例如，有的鼠妈妈经常舔幼崽，而有的鼠妈妈则没这么关怀备至。舔舐会导致幼崽基因的去甲基化，这有助于它们妥善应对高压环境；而没被舔舐、总被忽略的幼崽，则会成长为更加焦虑不安的成年鼠。通过交叉哺育的实验，科学家发现，幼崽的承压水平取决于养母而非生母的抚养技巧。

有些受忽略的小鼠 DNA 甲基化程度过高，这会影响与育儿相关的基因。因此，压力越大、越焦虑的小鼠越不会舔舐它们的幼崽，即使表观遗传修饰不会直接遗传，它们的行为也在受忽略后代中循环下去。

人类表观遗传学遗传：荷兰冬季大饥荒

1944 年至 1945 年的寒冬，纳粹全面中断对荷兰的粮食供应，使荷兰陷入一场惨绝人寰的大饥荒。据统计，在 1945 年 5 月荷兰解放、食物供应恢复正常前，约 2 万人死于这场饥荒。

这段大饥荒时期具有明显的时间界限，而且幸存者随后得到综合性公共医疗保健系统的救助，这为表观遗传学遗传提供了独特的研究机会。在饥荒时期结束之时，就有荷兰和国际科学家团队对幸存者及其后代展开调研。

这是一周内我们所有的口粮。
Armour's
VERIBEST
Armour's
VERIBEST

表观遗传学家伯蒂·卢米也出生于荷兰，他在研究荷兰冬季大饥荒的幸存者后发现，对在大饥荒时期怀孕的母亲来说（即母亲在怀孕早期遭受饥荒），她们的孩子具有较高的肥胖症、糖尿病和心脏病发病率。卢米的团队在 2008 年发表了研究报告，该报告显示，患病风险的增加与印记基因 DNA 甲基化水平的下降有关，这些印记基因负责调控新陈代谢。

对于在怀孕晚期才遭遇大饥荒的母亲，她们孕育的孩子则不会受到类似的影响，这意味着早期胚胎更容易受到环境引起的表观遗传变化的影响。然而，这些孩子在出生时体重比新生儿平均体重轻，在一生中患上肥胖症的概率也较平均发病率低。

首份针对荷兰冬季大饥荒生还者第三代后裔的数据分析显示，大饥荒对健康的影响在幸存者的孙辈中仍有体现。虽然后续的研究中没有发现特定疾病的高发病率，但第三代后代体型偏胖，总体健康状况也较差。值得一提的是，早期研究成果传播度很广，幸存者的孙辈们可能在后续研究完成前自行调整其生活方式，以规避高发病率疾病的患病风险。

通过这些较为复杂的研究成果，我们可以大概看出完成人类研究的难度，尤其是涉及母婴传播的研究。即使大饥荒的影响的确波及第三代后裔，这个遗传机制还存在一种可能性——第二代后裔的原始生殖细胞在子宫中发育时处于饥饿的环境，而非受到真正的表观遗传学遗传影响。

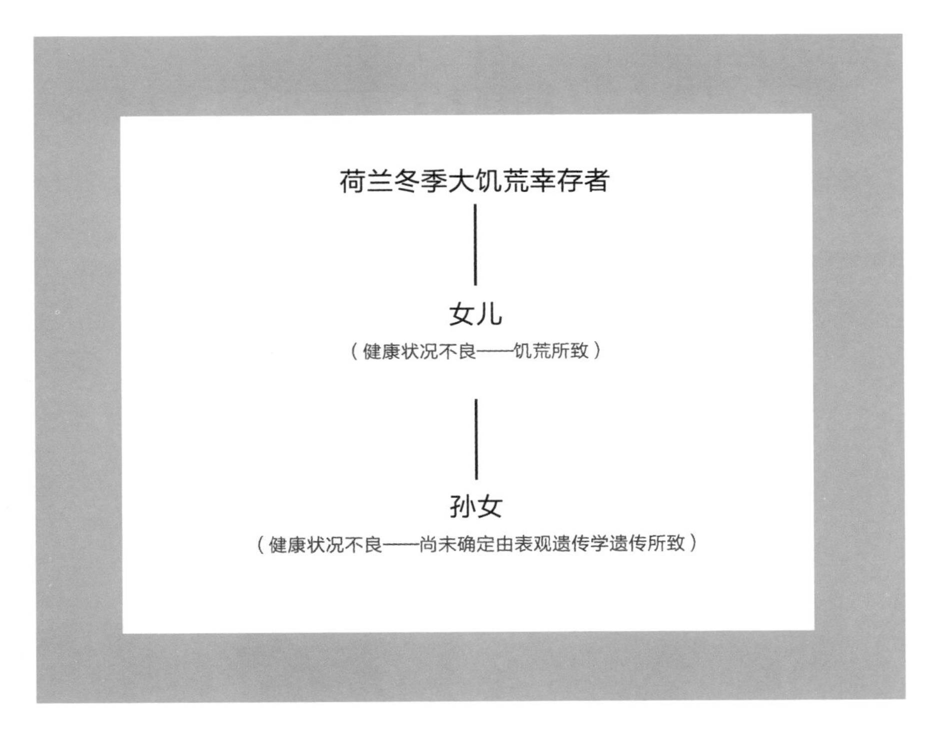

人类表观遗传学遗传：上卡利克斯

由迈克尔·舍斯特伦和拉尔斯·奥洛夫·比格伦带领的瑞典科研队伍发现了能更有力地证明人类表观遗传学遗传模式的研究成果，这得益于瑞典北部小镇上卡利克斯居民对当地情况的翔实记录。团队对比了小镇自 1890 年以来的收成和出生记录，找到在一生中的不同时期经历过丰收或饥荒的人，并跟踪他们后代的医疗记录。

他们研究上卡利克斯取得的一项重大发现是，后代在患病风险上存在性别差异：如果一位女性在她母亲子宫里就经历饥荒，那么她的孙女会面临更高的心血管病发病风险，但孙子不会出现这种遗传倾向。

该团队也发现了男性独有的遗传模式：如果男性在 9 ~ 12 岁时经历了丰收，他孙子的寿命会比人均寿命短，但孙女的寿命则不受影响。相反，如果男性在同一前青春期年龄段遭遇饥荒，他的孙子会拥有更加健康长寿的人生。

精子前体细胞是在前青春期逐渐分化和发育成熟的，因此它们对这一时期内环境引起的表观遗传变化比较敏感。这种患病风险的性别差异表明印记基因可能涉及其中，尽管科研学者还没探索清楚其中的作用机制。

（图片来源：Deutsche Fotothek）

在男孩将要进入青春期的前几年，他们似乎对环境因素特别敏感。一项由英国遗传学家马库斯·彭布雷完成的研究发现，如果男性在前青春期抽烟，无论他们在备孕期是否抽烟，他们的儿子都会变得更加肥胖，而女儿则不会出现这种现象。

由芭芭拉·鲍彻带领的中国台湾和英国团队也发现，对于在前青春期嚼槟榔的男生，他们的后代会有更高的风险患代谢综合征（这是糖尿病和心血管病的前兆），但这项研究没有发现特殊的性别差异。

吸烟会影响你的精子细胞，危害你的下一代，乃至下下一代的健康。

表观遗传学遗传的机制

动物实验已经为真实存在的表观遗传学遗传提供了可信的证据，而人类人口研究也暗示了相似的现象可能存在于人类身上。因此，这些研究成果吸引了科学家和大众的关心与兴趣。然而，一些人类研究被大众——尤其是媒体——过分简化和过度解读。事实上，许多科学家对人类表观遗传学遗传仍心存疑虑。

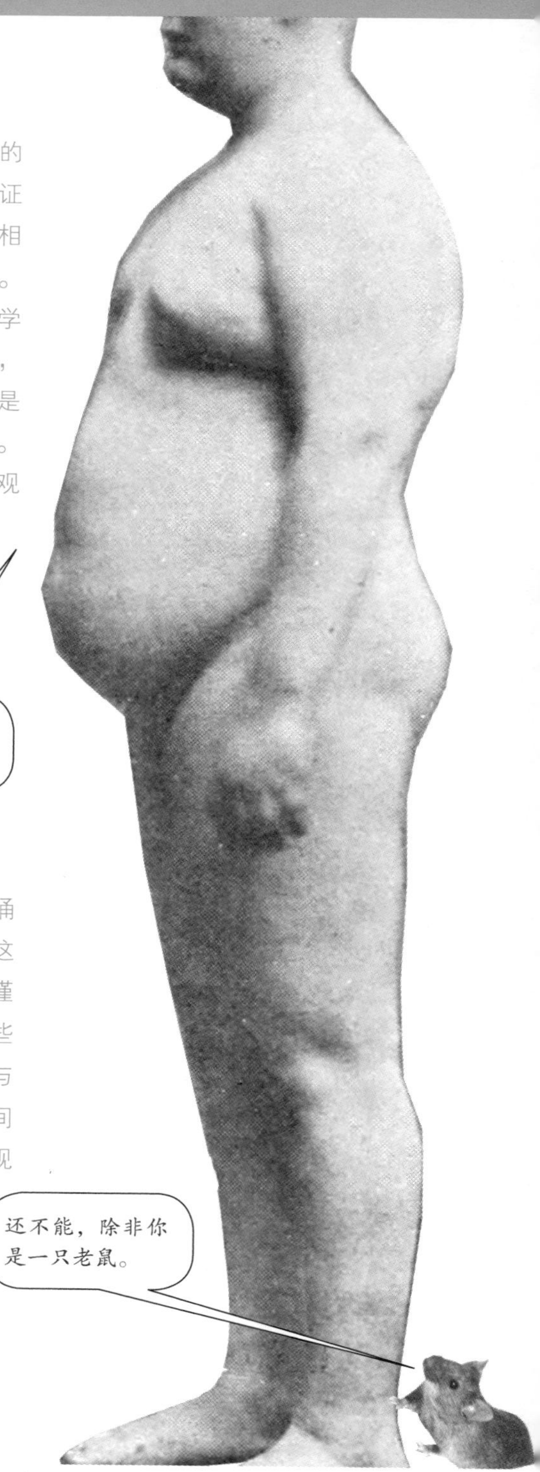

所以，我不能把这身肥肉归咎于我爷爷？
还不能，除非你是一只老鼠。

许多悬而未决的问题继续涌现，如实际发生的遗传机制，这也使许多人对该领域抱有更为谨慎的态度。研究者已经发现某些受表观遗传学遗传影响的性状与特定基因的DNA甲基化变化之间的联系，但这并不意味着两种现象是直接相关的。

回到表观遗传学家最喜欢研究的小鼠，母源 agouti 基因的甲基化状态（见第 111 ~ 112 页）是可遗传的，这在最初发现时比较容易解释。大多数重复 DNA 不会经历表观遗传重编程（见第 90 页），因此，母鼠的甲基化状态可能只存在于胚胎中。

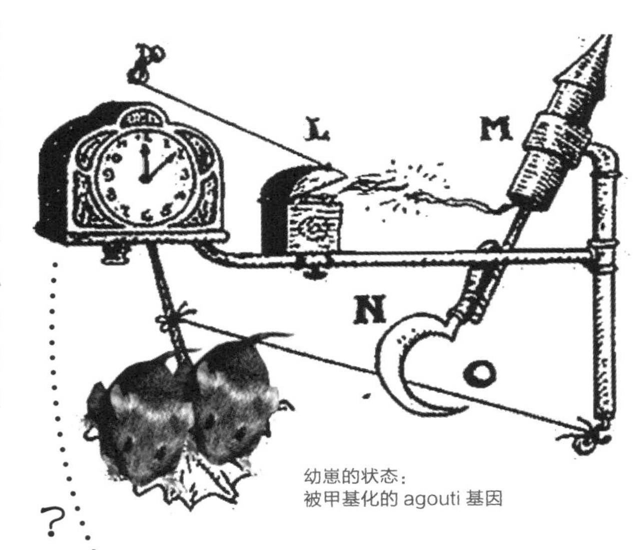

幼崽的状态：
被甲基化的 agouti 基因

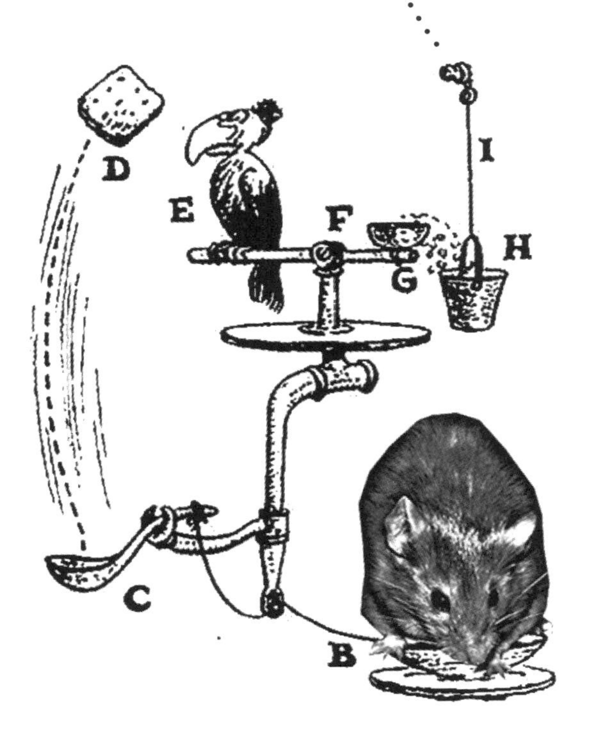

但是，艾玛·怀特洛的团队在 2006 年发现，靠近 agouti 基因的重复 DNA 被完全去甲基化，随后在早期胚胎发育过程中重新被甲基化。正如基因组的其他部分，母源和父源的基因副本以不同的速度和方式去甲基化。这可能解释了为什么只有雌性老鼠能遗传甲基化状态，但个中机制依然是个谜团。

母鼠的状态：
被甲基化的 agouti 基因

2009—2010年，由大卫·米勒带领的英国科研团队，以及由安托万·彼得斯主导的瑞士科研团队得到一些有趣的发现，这回是和人类精子的染色质模式有关。

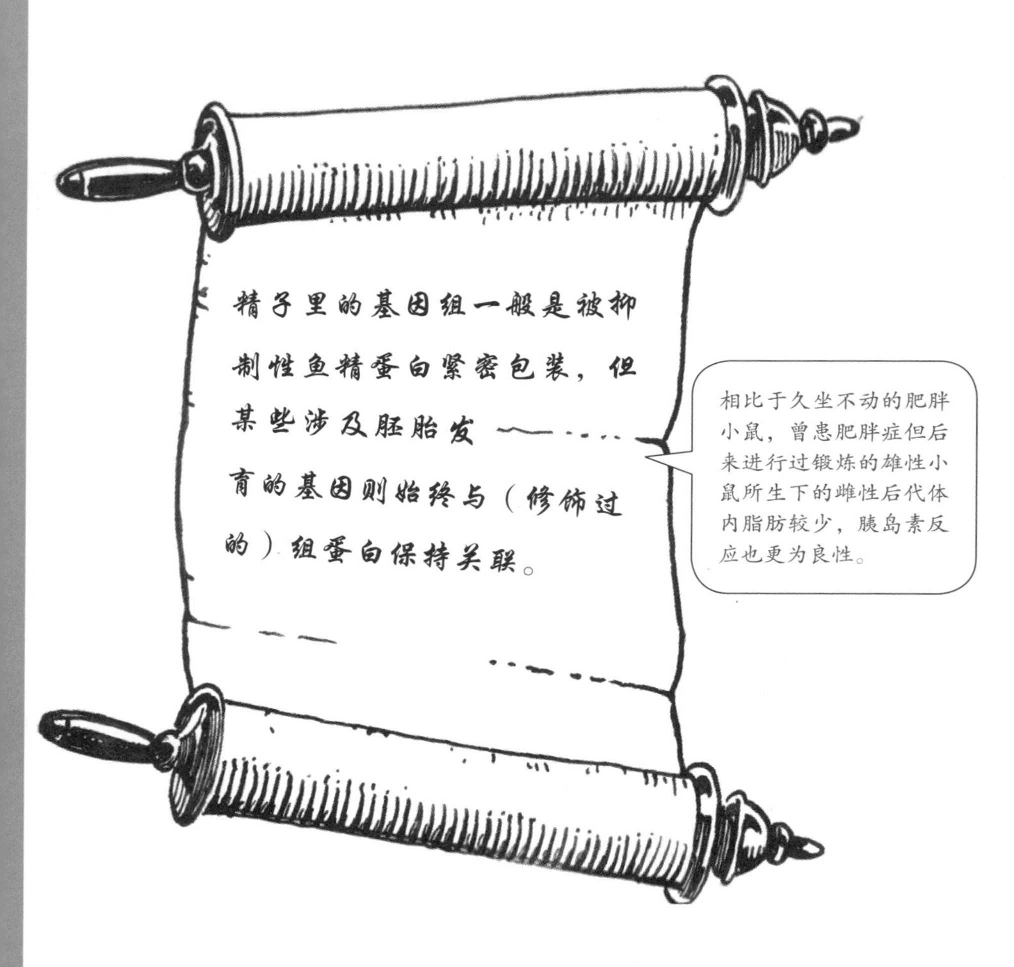

精子里的基因组一般是被抑制性鱼精蛋白紧密包装，但某些涉及胚胎发育的基因则始终与（修饰过的）组蛋白保持关联。
相比于久坐不动的肥胖小鼠，曾患肥胖症但后来进行过锻炼的雄性小鼠所生下的雌性后代体内脂肪较少，胰岛素反应也更为良性。

当时，科学家并不认为组蛋白修饰是可遗传的。然而，苏珊·斯特罗姆在2014年发现，组蛋白修饰能被遗传到新形成的DNA链上（见第65页）。她同时发现，组蛋白甲基化能遗传给下一代。斯特罗姆的研究对象是线虫，尚不清楚人体内是否存在相同的机制。但是，组蛋白肯定有可能与代际传递表观遗传信息相关。

某些情况下，RNA 分子也同样调控表观遗传学遗传。受精卵遗传了附着于父源和母源染色体上的 RNA，还遗传了精子细胞中部分游离的 RNA 和卵细胞中的全部 RNA。这些 RNA 分子可能在重编程后负责重构父母遗传的表观遗传修饰模式。

瑞士神经系统科学家伊莎贝尔·曼苏和澳大利亚生物学家米歇尔·莱恩称，创伤性压力和肥胖症会分别改变小鼠精子细胞内小 RNA 的作用。

2016 年，罗曼·巴尔带领的丹麦团队公布研究成果，证实人类遗传也涉及基于 RNA 的机制。肥胖男性的精子细胞拥有独特的小 RNA 和 DNA 甲基化模式，其中某些模式会在减重手术后发生改变。负责控制食欲的基因也会经历甲基化模式的变化。

表观遗传学与进化

表观遗传学遗传的研究结果引发了一个有关进化的有趣问题：如果我们在一生中获得的表观遗传修饰能够遗传给我们的子孙后代，那它们是否也对世世代代的物种进化产生影响？

有人认为获得性特征具有遗传性，同时随着时间推移能塑造物种的进化，这种观点不算新鲜。如今，这种主张与法国生物学家让－巴蒂斯特·拉马克（1744—1829）提出的学说最为接近，后者被称为“拉马克学说”，但这种想法本身的缘由则要追溯到更久远的年代。拉马克在1809年的确提出了“软遗传”（soft inheritance）的构想。

“所有由自然引起而使个体产生的习得或废退……都会在后代繁衍中遗传并得以保存。”

“本人理论的中心思想是，同一物种的个体具有不同特性，其中一些特性会增加个体存活率，延长其寿命，直至其繁衍后代。因此，遗传了有益特性的个体更多，拥有有害特性的个体更少，所以有益性状在整个物种出现的频率会逐渐增加。”

尽管拉马克学说和相关理论曾盛行一时，但其理论本身并非完美无缺。例如，有科学家切掉了数代纯种狗的耳朵和尾巴，它们的幼崽依然长出了长耳和尾巴。

1859 年，英国自然学家查尔斯·达尔文（1809—1882）发表了自然选择进化论。

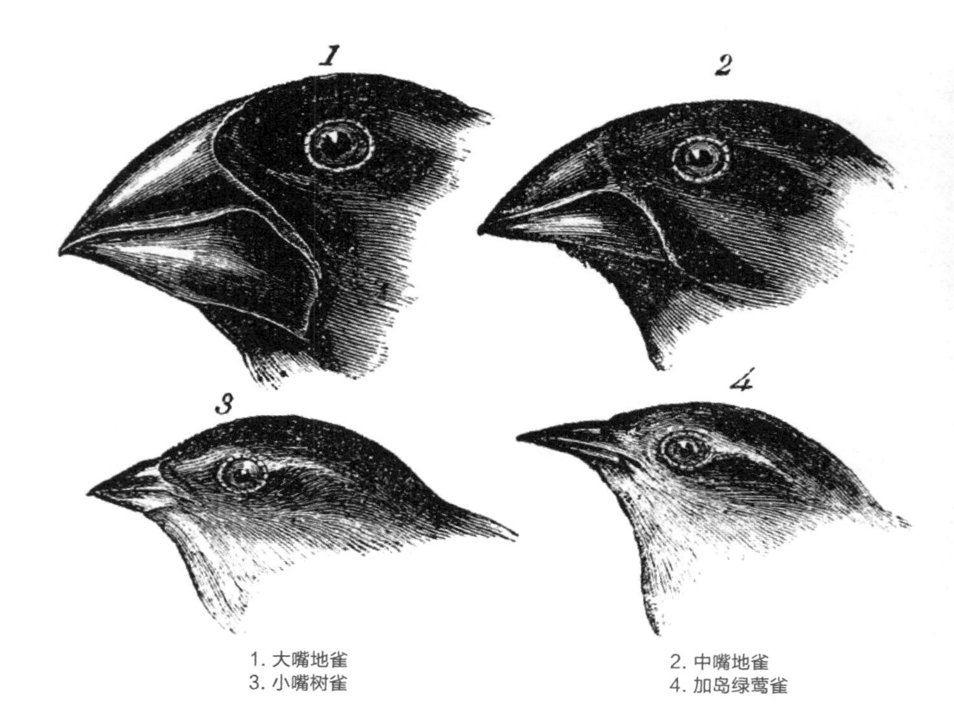

1. 大嘴地雀
3. 小嘴树雀

2. 中嘴地雀
4. 加岛绿莺雀

达尔文的理论能解释物种中的普遍性状会随着时间改变的原因，这种解释并不依赖于此前拉马克的说法，即个体在生命中习得的改变会遗传给后代。

随后孟德尔的遗传定律（见第 29 页）被再次发现，随着科学界开始深入研究基因、染色体、DNA 和变异，情况逐渐变得明朗——只有达尔文的进化论与我们对遗传学的认识相契合。软遗传的概念，或者说拉马克学说，本质上是不可信的。

然而，20 世纪 90 年代后期，表观遗传学遗传的发现似乎让旧理论重获生机。某些情况下，环境因素造成的影响的确会遗传给后代。时过境迁后，拉马克学说有可能成为现代进化理论的一支吗？

软遗传的进化论在几十年前就过时了。
但有没有可能，更新后的进化论能兼容我们双方的观点？

达尔文进化论的现代解释主要关注可遗传的 DNA 序列变化，这些变化会影响个体的特性和行为。然而，表观遗传修饰的研究成果已经证实，不仅 DNA 序列会影响生命进程——表观遗传修饰协助确定基因激活模式，这些序列的稳定变化也能在进化中发挥十分重要的作用。例如，在胚胎发育过程中，促进神经元生长的基因的早期激活或晚期沉默可能有助于提高智力。

人类和黑猩猩体内促进毛发生长的基因 DNA 序列非常相似。不同的是，黑猩猩的多个身体部位都激活了这些基因。

2013 年，安德鲁·夏普和托马斯·马克斯·博内特对比了人类、黑猩猩、倭黑猩猩、大猩猩和红毛猩猩的 DNA 甲基化模式。实验鉴别出 170 个人类特有的甲基化模式，有的基因已被证实与脑部功能相关，而脑部正是人类进化研究者特别感兴趣的器官。

这 170 个带有人类特有甲基化模式的基因中，部分基因编码出的蛋白质和猿类体内的蛋白质相同。这项实验再次印证了，基因在激活时间和激活部位的改变，与基因在序列和功能上的改变同样重要。

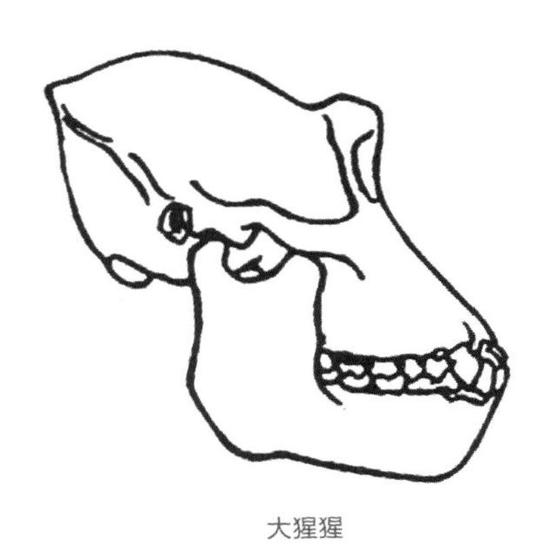

大猩猩

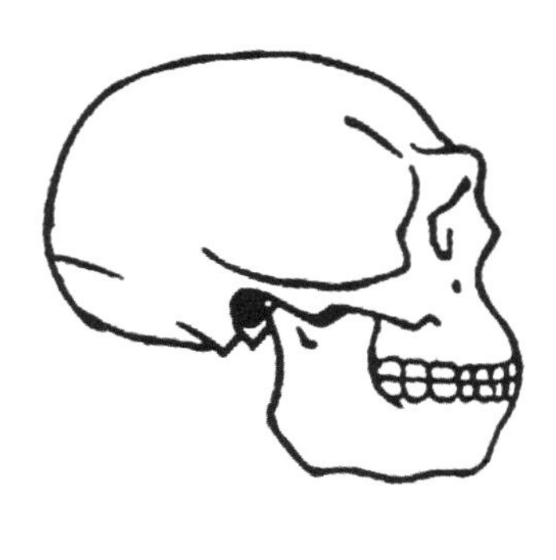

黑猩猩

不同的类人猿物种，脑部的 DNA 甲基化模式也不同——这些变化是否曾经推进人类进化的进程？

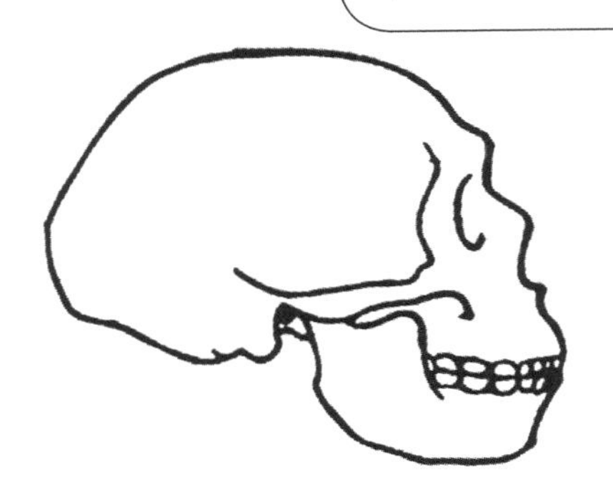

原始人

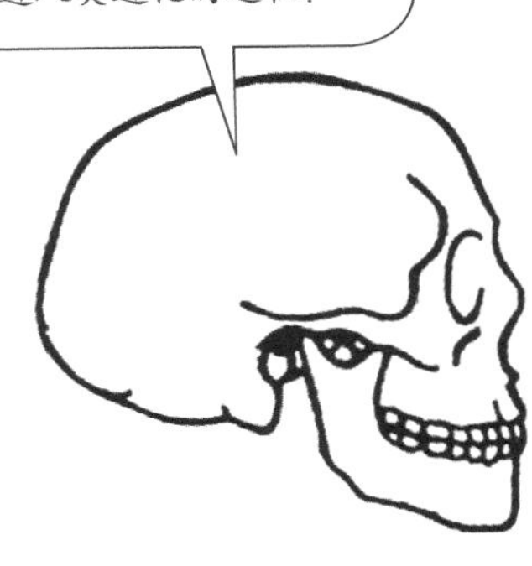

现代人

表观遗传学遗传最多维持数代，且变化是可逆的：即使毛色最深的、DNA 被完全甲基化的刺鼠，也会繁衍出一些毛色发黄、DNA 未被甲基化的后代。

虽然表观遗传修饰和基因激活模式存在关联，变异的基因激活模式在进化中也发挥着作用，但将拉马克学说的进化论嵌入到现代进化理论体系中依然不太合适。这是因为进化发生在成千上万年的时间跨度中，因此，推动进化需要的是非常稳定的变化。

表观遗传修饰可能会对个体如何应对环境变化产生短期的影响，但要想在同一物种的数千代中，利用长期的表观遗传学遗传永久地改变物种特性，这似乎是天方夜谭。

如果表观遗传变化不够稳定，不足以直接在代际间遗传，那么物种间的表观遗传差异是如何进化而来的？

其答案是，表观遗传进化是由 DNA 序列的改变来驱动的——尤其是那些控制表观遗传修饰 RNA 和蛋白质的编码序列，或是能自我修饰的序列。参与表观遗传调控的 DNA 序列所发生的变化都有可能影响其功能。这些变异有利亦有弊。因此，表观遗传进化与现代达尔文进化论的定义十分契合。

……一如其他可进化的性状，这些影响既有优势，也有弊端。
不同的 DNA 序列产生了不同的表观遗传修饰模式，这也进一步导致了不同的生理特征……
CSIRO

因为人类的代际繁衍间期太长，许多有关进化的研究都选择能快速繁衍（和进化）的物种，如细菌和虫类。

细菌通常有数种 DNA 甲基转移酶蛋白，这些酶能识别某种特定的 DNA 序列，并将其甲基化。不同种类的细菌已经进化出不同 DNA 序列的甲基转移酶基因，这些变化会影响对应蛋白质的目标位点偏好，从而影响基因组中的 DNA 甲基化模式。

最近的研究发现，有些线虫会完全丢弃其中一种 DNA 甲基转移酶基因。因此，哪怕是与亲缘关系最密切的近亲相比，它们也拥有完全不同的基因组甲基化模式。

上述两个例子都证明，不同的 DNA 甲基化模式影响了基因激活的数量、时间和位置。

它啊？噢，它是我表弟。自从它那边的家族分支丢掉了其中一种甲基转移酶基因后，它们家就跟我们长得不太一样了。

调控 RNA（见第 73 ~ 78 页）也在表观遗传进化中起到一定作用。RNA 链序列发生变化，使其能与不同的互补 DNA 序列配对结合，从而能瞄准全新的基因，同时 / 或者将不同的表观遗传修饰物召集到现有的目标基因上，从而改变该基因的激活状态。

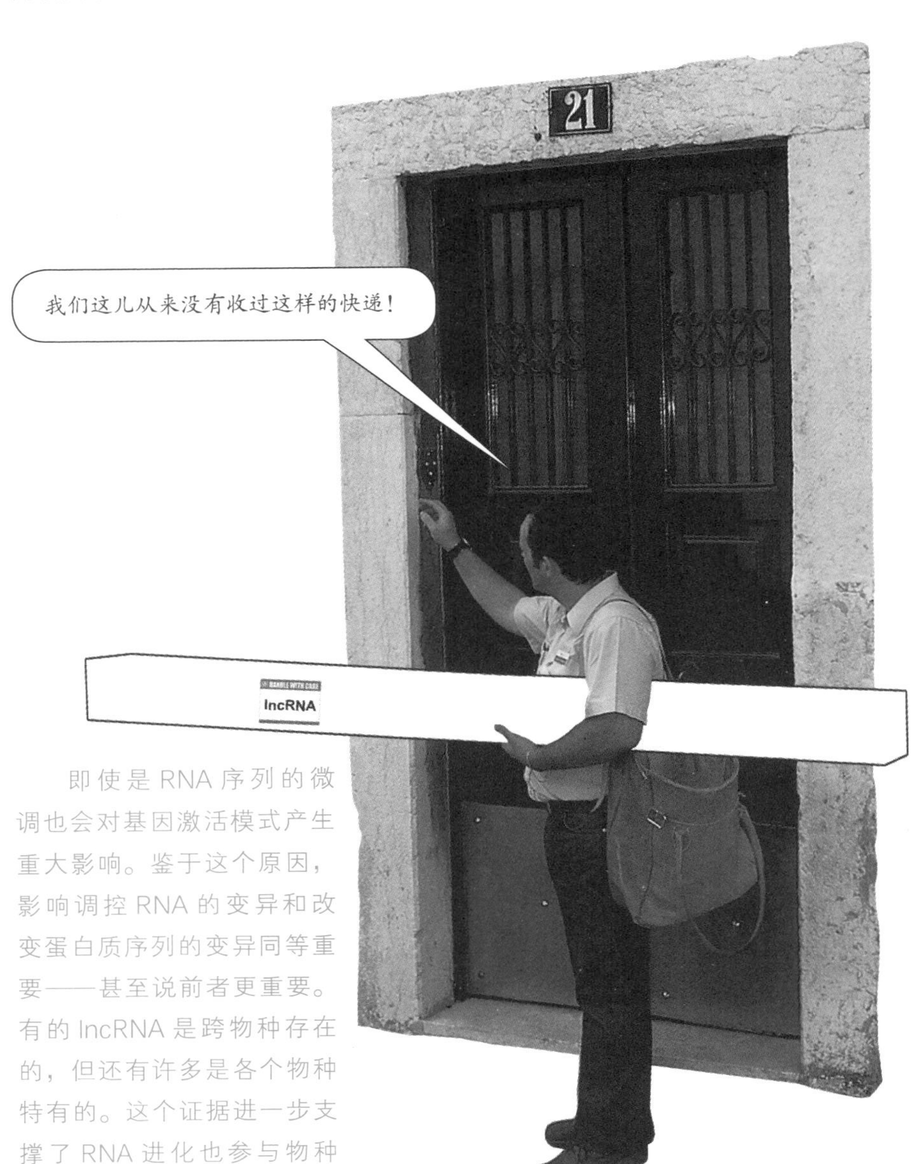

即使是 RNA 序列的微调也会对基因激活模式产生重大影响。鉴于这个原因，影响调控 RNA 的变异和改变蛋白质序列的变异同等重要——甚至说前者更重要。有的 lncRNA 是跨物种存在的，但还有许多是各个物种特有的。这个证据进一步支撑了 RNA 进化也参与物种进化进程的假设。

表观遗传修饰也有助于形成 DNA 序列本身的突变和进化。在 DNA 主动去甲基化的过程中，胞嘧啶有时会被错误地转换为胸腺嘧啶。一旦这样的错误发生在生殖细胞中，而且没有被纠正的话，这种变异就会遗传给下一代。甲基化目标位点很可能因此缺失，影响邻近基因的转录。这些例子都暗示了，甲基化模式可能也会影响其他类型变异发生的频率。

虽然我们还不十分清楚这些变化会导致什么具体后果，但是 DNA 序列的任何改变都有可能产生新的生理特征，推动物种进化的进程。

进化论自拉马克和达尔文时代后已经有了长足的发展。我们依然不清楚表观遗传学对地球上的生命进化作出了多大贡献，但是我们对 DNA 序列和表观遗传修饰模式在进化中所依循的基本原则有了真正的理解，而且我们开始搜寻相关例子，来证实表观遗传变化既遵循这些基本原则，也和现代达尔文主义的其他概念相契合。

但是，表观遗传学依然是个新兴领域，也许前方还有许多惊喜值得我们翘首以待。幸好，和进化相关的理论也能不断进化！

疾病中的表观遗传学：衰老

如果身体机能运作正常的话，表观遗传修饰会协助建立与维持基因激活和蛋白质合成的模式，无论对于正常的胚胎发育，还是对于生命周期内细胞持续运转的功能，这都是必要的。

然而，我们的细胞和身体构成了一个错综复杂的系统。正因如此，人体内的分子、细胞、组织和器官功能在生命中的任一时期都有可能被扰乱，尤其是当我们逐渐变老时。起初微小的变化会如涟漪般向外扩散，演变成严重的问题，最终导致整个身体状况变差或诱发某种疾病。

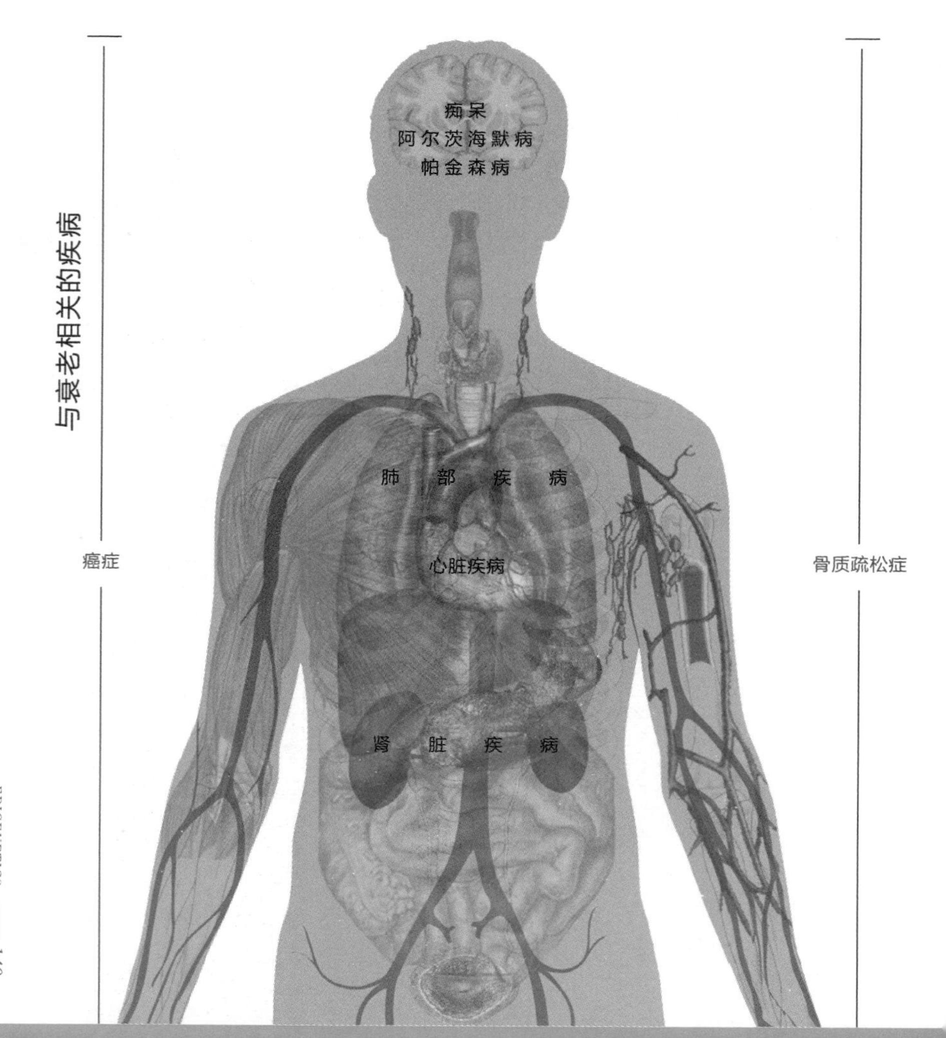

表观遗传修饰模式在特定环境因素影响下会发生改变（见第 99 ~ 105 页），也会随着时间推移发生缓慢的、随机的变化。后者被称为表观遗传漂移（epigenetic drift），学界认为这种现象在人体衰老过程中发挥着重要作用。

表观遗传漂移能在每个细胞和个体中引起不同的变化，但都遵循着可预测的一般模式。虽然随着时间推移，一些基因的 DNA 甲基化水平会升高，但普遍规律是，随着人体衰老，DNA 甲基化的总体数量会缓慢减少。以小鼠为实验对象的研究发现，这种去甲基化的后果是，沉默基因会逐渐被重新激活；这种变化会改变细胞的行为，有害影响也会随之而来。

表观遗传漂移会导致干细胞的部分分化。这个不可逆的过程会减少体内活跃干细胞的数量，这部分细胞本该用来替代死亡的成熟细胞。心肌、肌肤弹性以及其他组织和功能也会因此退化。

表观遗传变化同样出现在受衰老疾病影响的细胞中，如癌症、阿尔茨海默病、帕金森病、骨质疏松症和心脏衰竭等。然而，由于表观遗传调控很复杂，最好不要过度解读这些证据。并非所有健康和异常细胞之间的表观遗传差异都是有意义的，有些变化可能只是对疾病做出的反应，而并非疾病的诱因。

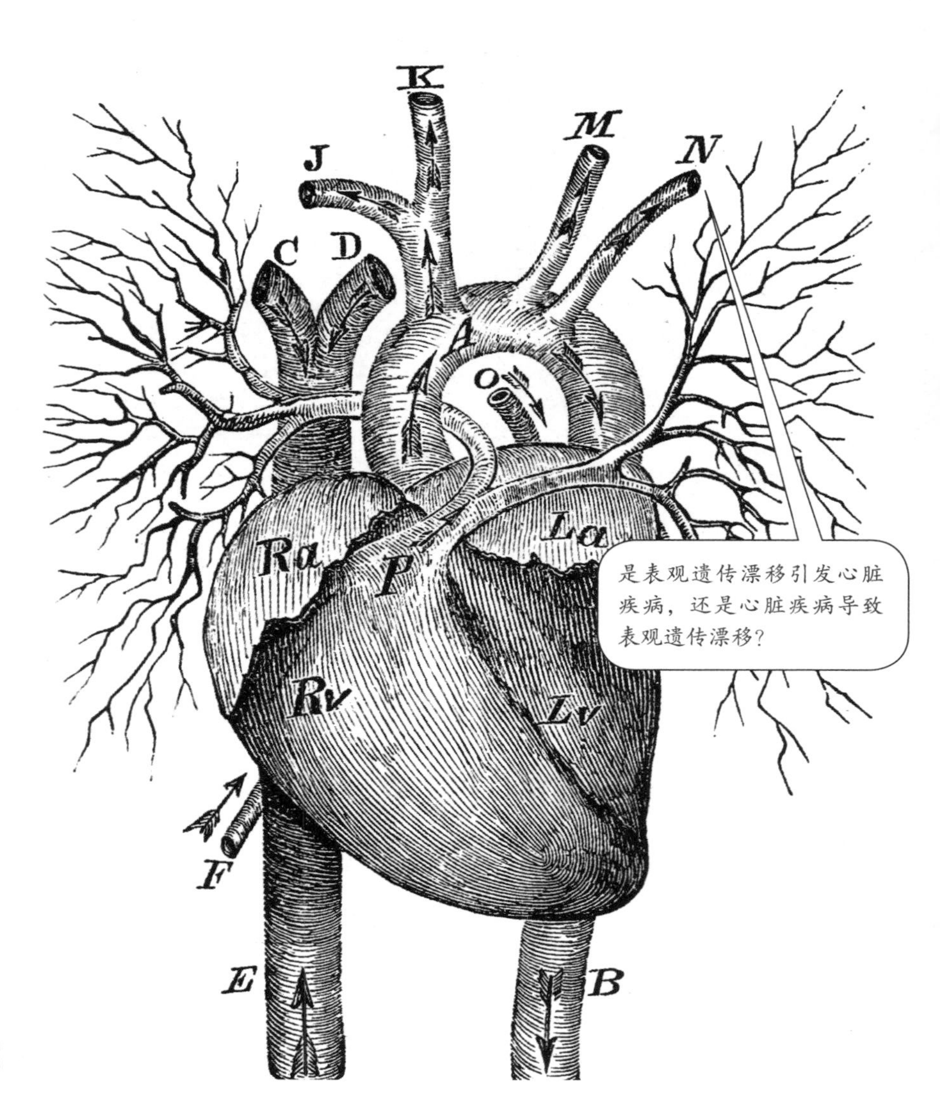
K
M
N
J
C
D
A
O
Ra
P
La
Rv
Lv
F
E
B
是表观遗传漂移引发心脏疾病，还是心脏疾病导致表观遗传漂移?

疾病中的表观遗传学：表观遗传调控物中的可遗传变异

许多人类遗传病是由单个基因的变异引起的。变异可能是遗传自父母一方或双方，也可能是自发出现在卵子、精子或受精卵中。我们熟悉的例子包括镰状细胞贫血（血红蛋白发生变异而引发的疾病，血红蛋白主要负责将氧气运输至身体各个部位）、囊性纤维化（一种负责将盐分跨膜转运到细胞内的蛋白质发生了变异）。

同样，一些罕见遗传病是由于负责表观遗传调控的基因发生变异而导致的。和衰老疾病不同的是，这些遗传病都有明显的表观遗传诱因。

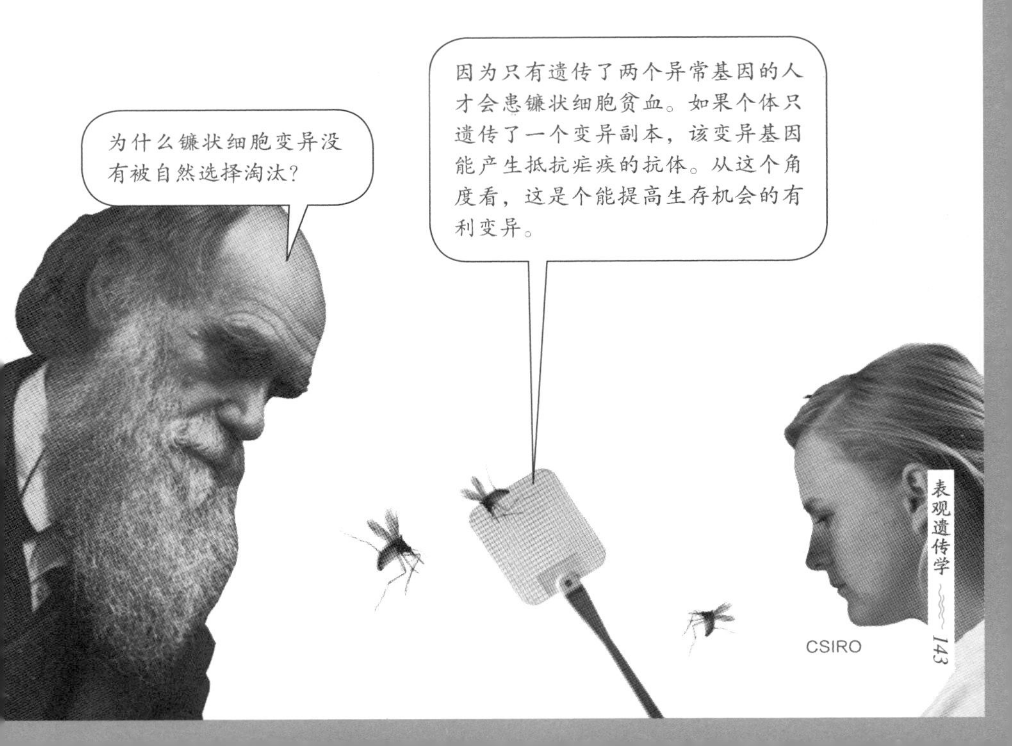

为什么镰状细胞变异没有被自然选择淘汰？
因为只有遗传了两个异常基因的人才会患镰状细胞贫血。如果个体只遗传了一个变异副本，该变异基因能产生抵抗疟疾的抗体。从这个角度看，这是个能提高生存机会的有利变异。
CSIRO

该病患者的面部特征和日本传统歌舞伎（Kabuki）演员的舞台妆容相似，因此该病被命名为歌舞伎面谱综合征。

举个例子，歌舞伎面谱综合征（Kabuki syndrome）是一种表观遗传调控物发生变异而引发的遗传病。该病发生率小于 1/30 000，患儿主要表现为特殊的面部及骨骼特征，还伴随有其他症状。

大约 3/4 的歌舞伎面谱综合征病例都是由 MLL2 基因的可遗传变异引发的。MLL2 标记蛋白质通常会给组蛋白尾部加上激活转录的甲基基团。而在歌舞伎面谱综合征患者的体内，此类蛋白质发生变异，此类功能因而被减弱。

歌舞伎面谱综合征的其他病例则涉及 KDM6A 基因的变异。正常情况下，该基因负责编码一种“橡皮擦”蛋白质，这种蛋白质可以从组蛋白上移除抑制性甲基基团。本质上 KDM6A 和 MLL2 变异后的影响是相同的，两者都涉及基因转录的不正常抑制。

雷特综合征（Rett syndrome）是由MECP2 基因的自发变异引起的遗传病。“MECP2”指的是甲基化 CpG 结合蛋白 2（methyl-CpG-binding protein 2），顾名思义，这一“解码器”蛋白质的正常功能是与甲基化胞嘧啶结合，这是抑制转录的关键一步。这种变异造成的影响是雷特综合征患儿先期发育正常，到 6 个月左右开始发病，随后患儿的成长发育就出现异常。

男孩和女孩均有可能患上歌舞伎面谱综合征，但雷特综合征只在女孩身上发病。据估计，该病的发病率为 1/10 000 至 1/20 000。

变异的 MECP2

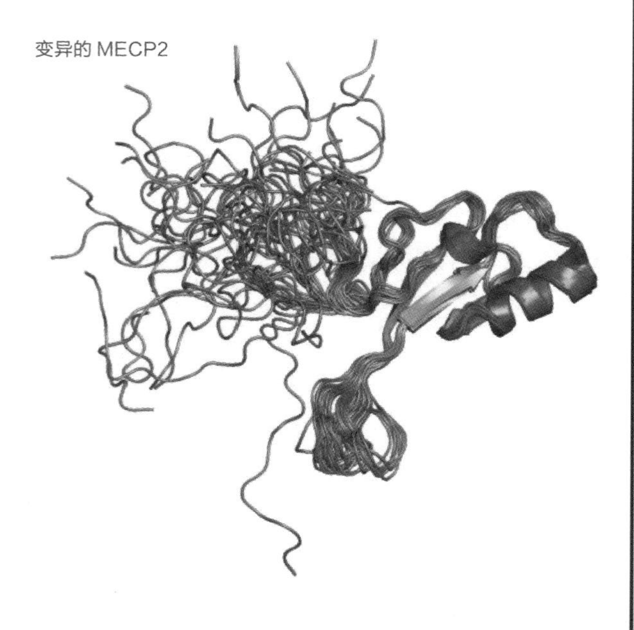

导致雷特综合征的变异会切断 DNA 甲基化和转录抑制之间的联系，本该沉默的基因却被激活了。

因自身变异而诱发雷特综合征的 MECP2 基因位于 X 染色体上，所以拥有 XY 染色体的男性只遗传了一个基因副本。单一副本的基因变异会导致拥有 XY 染色体的胚胎在怀孕早期就自发流产。

拥有 XX 染色体的女性遗传了两个 MECP2 基因。拥有一个变异基因和一个正常基因的胚胎能发育至足月，但婴儿会患上雷特综合征。X 染色体的随机失活会引发镶嵌效应，同一个体内，有的 XX 细胞只使用 MECP2 基因的正常副本，有的则只用该基因的变异副本。因此，雷特综合征的症状个体差异性很大，这取决于她们身体内不同组织的染色体失活模式。

	第 1 条 X 染色体上的正常 MECP2 基因	第 2 条 X 染色体上的变异 MECP2 基因	影响
脑细胞		失活	较少神经系统症状
脑细胞	失活		较多神经系统症状
肌肉细胞		失活	肢体动作较协调
肌肉细胞	失活		肢体动作较不协调

疾病中的表观遗传学：印记错误

遗传病也能由影响印记的错误诱发——印记是指子代只从母源或父源染色体上转录特定基因（见第 91 ~ 95 页）。印记控制区（imprint control region，ICR）控制着每一个印记基因簇，印记错误可能是由 ICR 的变异或缺失所致，也可能是协助构建 ICR 甲基化状态的RNA或蛋白质变异或缺失所致。

印记错误会迅速产生两套相关印记基因簇的母源或父源副本。这所导致的，要么是印记基因被转录出两倍的副本量，要么是基因完全没有被转录。基因数量的变化所造成的具体影响取决于该基因的功能，但肯定会严重影响细胞和器官正常发育和运作的方式。

哎呀！我不小心印出了两条父源染色体。
后果很严重吗？
这意味着，我将拥有两套父源染色体特有的印记基因，但没有母源染色体上的印记基因。

贝克威思－威德曼综合征（Beckwith-Wiedemann syndrome）是一种由印记错误引发的病症，病因与11号染色体上的一簇印记基因缺失有关。该综合征的具体症状取决于受累个体所遗传的变异类型。有的ICR变异会导致细胞彻底放弃转录某个抑制有丝分裂的印记基因；有的变异则催生出两倍量的促生长蛋白质。因此，贝克威思－威德曼综合征的典型特征是患儿在童年期快速成长，同时面临着更高的童年患癌风险。

类似的印记错误有时也出现在成熟细胞中，这是成年人患癌症的诱因之一。

并非所有贝克威思－威德曼综合征患儿都会患癌症——但这些印记错误的确会增加他们的患癌概率。

癌症中的表观遗传学

癌症是一类以细胞不受控制地生长和分化为特征的病症的统称，是当今全球范围内人类的主要死因。全球约有一半人口都会在一生中的某个时刻被诊断出患有某种癌症。

2012 年，全球大约新增 1 400 万例癌症病例，癌症死亡病例约 800 万例。
该数字在未来仍有上升趋势。
World Health Organization
世界卫生组织

癌症诊断影响的不仅是病人个体，还会牵连他们心爱的家人、朋友，因而癌症给全球带来沉重的负担。癌症的治疗费用非常昂贵，在全球范围内，每年仅仅是购买治疗癌症的药物就要耗费 1 000 亿美元。

致癌因素很多样，其中 5% ~ 10% 病例是由遗传性基因变异引起的，但接触化学物品或其他环境因素也是癌症的重要诱因。

癌细胞是由正常细胞演变而来的紊乱变体。这些癌细胞中，一切能改变的都会发生改变，包括 DNA 序列和染色体结构、RNA 及其转录生成的蛋白质，甚至连癌细胞的形状和运动轨迹都是无规律的。

所以相较于正常细胞，癌细胞也会包含不同的表观遗传修饰模式，这就不足为奇了。但鉴于恶性细胞的其他特性，很难辨别其中的因果关系，也很难分清驱使病情恶化的变异和其他无关紧要的因素。

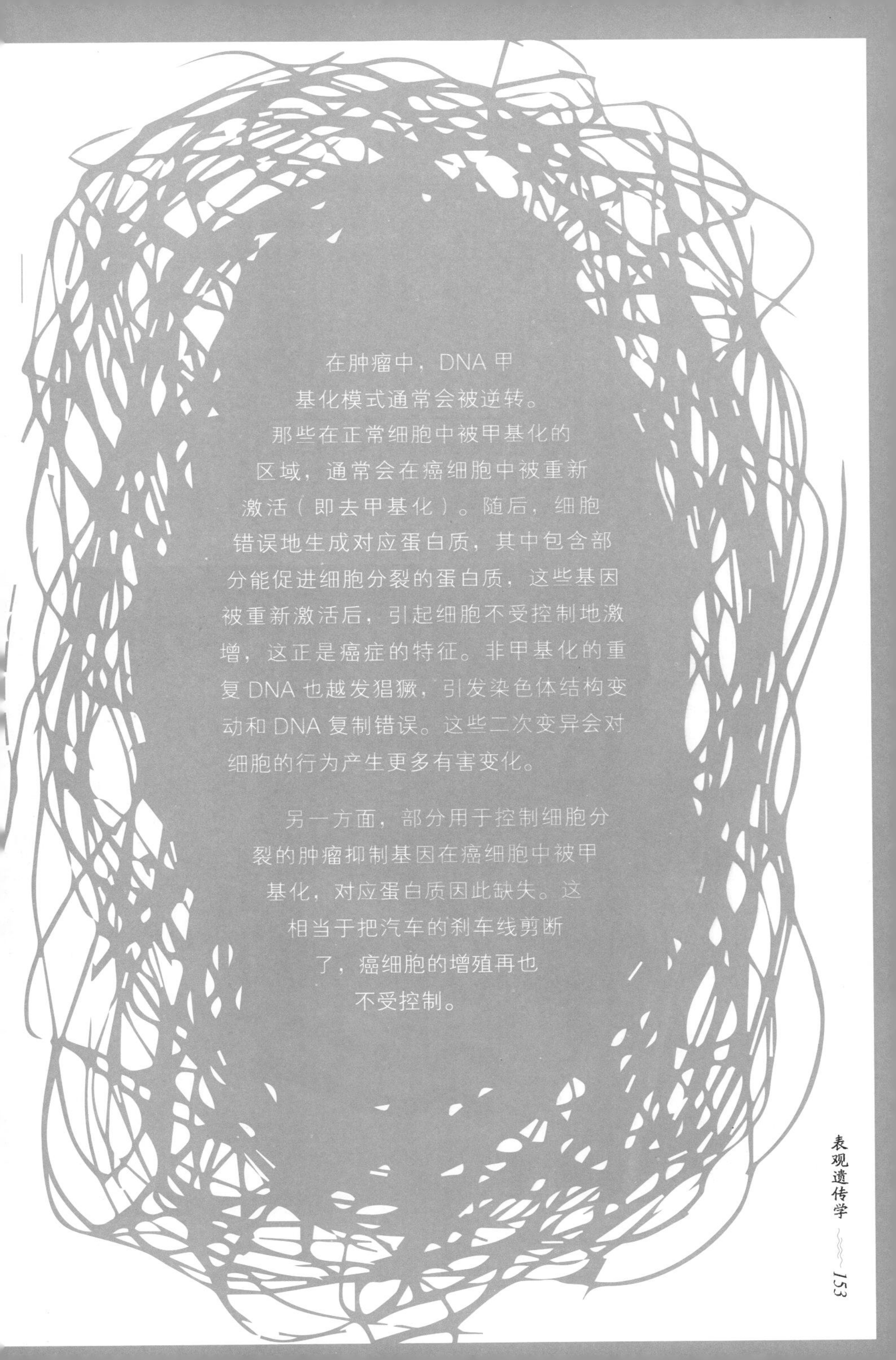

在肿瘤中，DNA 甲基化模式通常会被逆转。那些在正常细胞中被甲基化的区域，通常会在癌细胞中被重新激活（即去甲基化）。随后，细胞错误地生成对应蛋白质，其中包含部分能促进细胞分裂的蛋白质，这些基因被重新激活后，引起细胞不受控制地激增，这正是癌症的特征。非甲基化的重复 DNA 也越发猖獗，引发染色体结构变动和 DNA 复制错误。这些二次变异会对细胞的行为产生更多有害变化。

另一方面，部分用于控制细胞分裂的肿瘤抑制基因在癌细胞中被甲基化，对应蛋白质因此缺失。这相当于把汽车的刹车线剪断了，癌细胞的增殖再也不受控制。

癌细胞中，某些获得性的 DNA 甲基化变化会影响部分印记控制区，这些区域控制着印记基因在特定染色体的转录。

错乱的 ICR 甲基化模式就如同某些遗传性印记错误变异，例如引发贝克威思－威德曼综合征的变异（见第 150 页），因为它会迅速产生两套相关印记基因簇的母源或父源副本。许多印记基因都涉及胚胎发育，因此会影响细胞生长和分裂。扰乱对应 RNA 和蛋白质的比例会引发过度的细胞激增，导致或推动癌症的恶化。

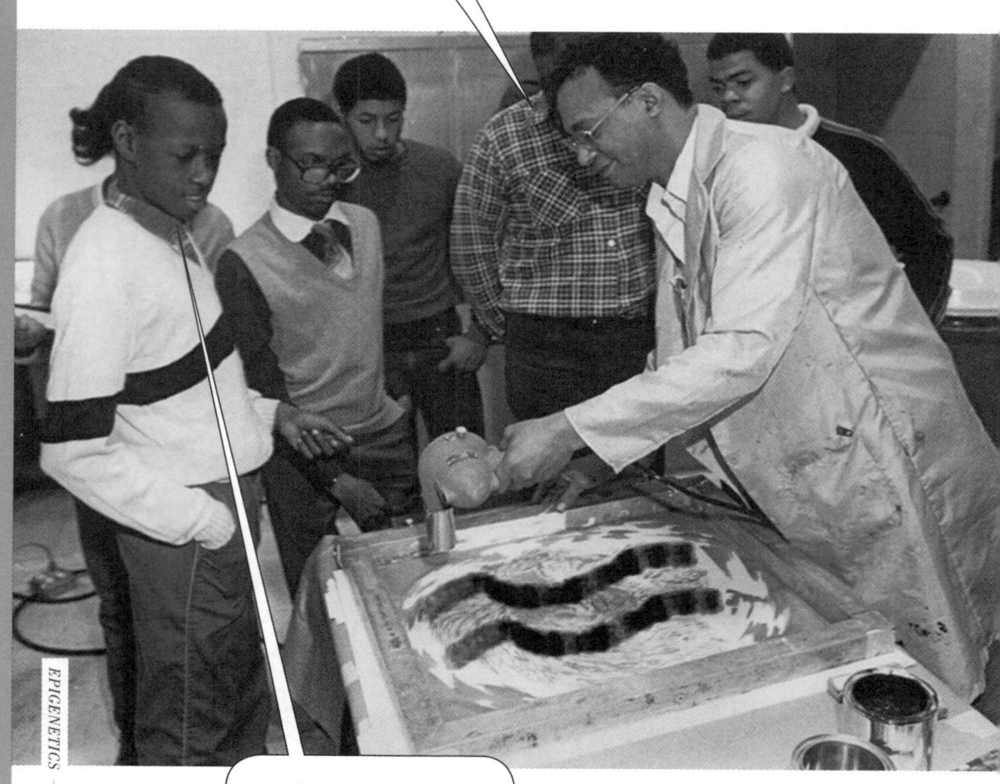

癌症已经影响到这个基因的印记控制区——我们最终会获得两套母源副本。
这听着像是物极必反了。

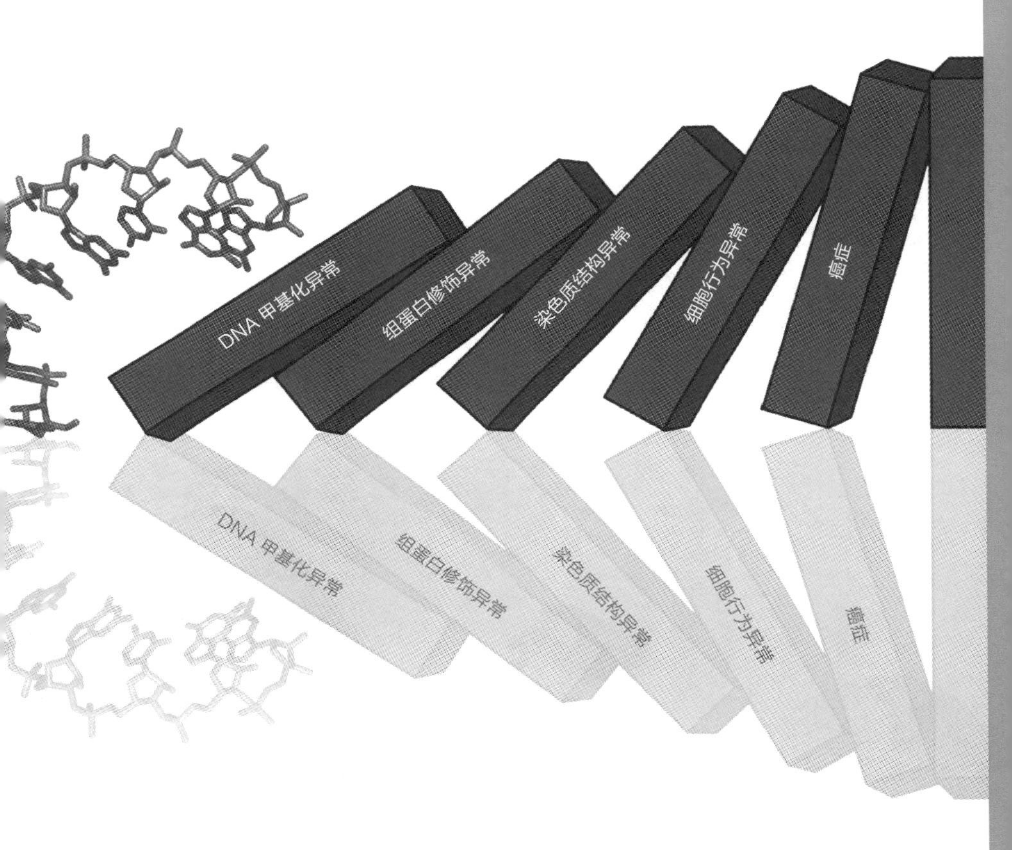

正如 DNA 甲基化模式，癌细胞产生的调控 RNA 也和正常细胞的截然不同。

这些变化会造成尤其严重的后果。单个 miRNA 或者环状 RNA 就能影响多种蛋白质的转录（见第 76 页）。lncRNA 和 piRNA 的异常生成也会造成严重的后果，因为这些 RNA 会附着于特定的 DNA 序列上，在指引哪个表观遗传修饰应该与哪个基因结合的复杂流程中，它们扮演的是启动者的角色（见第 74 ~ 75 页）。在启动这一步就发生变化，这很容易引起连锁反应，影响后续大部分基因组的转录调控。

癌细胞中包含变异的组蛋白修饰模式，这加强了由新DNA甲基化模式引起的基因激活变化，反之亦然。

2008年，美国遗传学家凯文·怀特首次发现，恶性细胞中特有的组蛋白变体（见第64页）是何时及如何取代标准组蛋白的。在错误的位点和时间，将特定组蛋白变体插入至核小体中，这会影响邻近基因的转录；其他变体无法在正常的时间插入到合适的位置，会妨碍DNA修复进度，从而加剧了癌细胞内部的混乱。

最后，在癌细胞中，甚至某些基因在细胞核内的位置（见第72页）都发生了改变！

似乎连癌细胞也在……进化。
它们当然在进化！正因如此，它们才会这么凶狠、危险。

癌细胞中的表观遗传异常到底是癌症的诱因还是结果？

癌症通常始于一个 DNA 序列的变异。癌症可能有多种病因：遗传性基因变异、紫外线照射、肝炎或人乳头瘤病毒（human papillomavirus）感染、接触化学品（如石棉等）、随机的 DNA 复制错误。随着细胞的异常加剧，其他变异会逐渐累积。

某些情况下，癌细胞中的表观遗传变异产生的只是间接伤害，这是对同一细胞内早期 DNA 变异的响应。但在其他情况下，表观遗传变异则主动参与制造混乱的过程，例如，重新激活沉默的基因，使得本就异常的细胞愈加恶化。更罕见的情况是，表观遗传变异是发动整场暴乱的罪魁祸首。

有些引发癌症的表观遗传异常可能是随机产生的后果，如表观遗传漂移（见第 141 页），当然也可能是有丝分裂时发生的错误。

有的环境因素也能通过表观遗传变化诱发癌症。例如，接触致癌物会改变 DNA 甲基化模式，像众所周知的烟草产生的烟雾，又如危害健康的新型致癌物双酚 A（Bisphenol A，BPA）——双酚 A 被用于制造塑料产品，科学实验已发现塑料饮料瓶会释放出双酚 A，且该物质能被人体吸收。

然而，烟草产生的烟雾也直接损害 DNA，所以很难界定它会通过表观遗传变化施加多少影响。总体而言，我们身处极其复杂的环境中，接触成千上万种有害和有利因素，所以要鉴别其中的细微影响非常困难。

有些癌症始于一类变异，这些变异能直接影响表观遗传“荧光笔”“橡皮擦”或“解码器”的功能。可以说，在上述情况下，这些变异引发的表观遗传变化是恶性肿瘤的直接诱因。

为表观遗传调控器编码的基因可能被删除或增强，这会打破细胞内抑制性和活跃性修饰的平衡。这些基因的 DNA 序列也会发生变异，改变对应 RNA 和蛋白质的序列及功能。

变异的表观遗传调控器会引发基因激活和蛋白质生成模式的大规模变化。

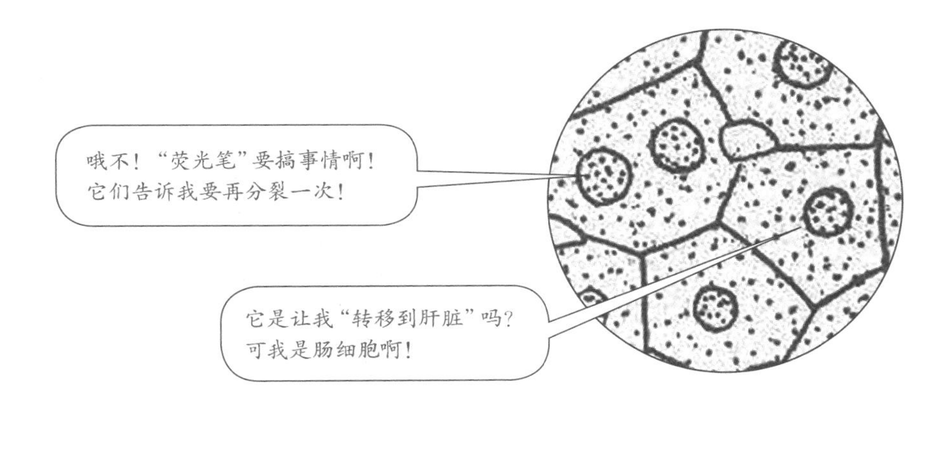

哦不！“荧光笔”要搞事情啊！
它们告诉我要再分裂一次！
它是让我“转移到肝脏”吗？
可我是肠细胞啊！

科学家已在癌细胞中发现，变异能影响目前已知的每一种表观遗传调控器，从调控 RNA 和组蛋白，到重塑染色质或增添、移除表观遗传修饰物的蛋白质，这些变异无恶不作。

表观遗传调控器变异在恶性血液病（blood cancer）中尤为普遍。例如，EZH2 基因中某个碱基出现变异，这是多种淋巴瘤（lymphoma）病例的典型特征。这个变异的“荧光笔”蛋白质极度活跃，会在组蛋白上添加过多的甲基基团，错误地抑制基因表达。

相似的例子还有许多，正如我们所预期的那样，这些研究成果能帮助科学家研发治疗癌症和其他疾病的新药物。

在癌症和其他疾病中，找到元凶也就意味着找到目标——一个可以介入治疗和纠正的目标。

医学中的表观遗传学

表观遗传学研究进行了数十年，如今科学家开始把研究成果应用到医疗实践中。基于表观遗传修饰物与调控器的药物和试验数量渐增，种类多样，并逐渐进入临床试验阶段，有的药物已经获准投入常规使用。

此领域中，许多研究把重心放在抗癌药物的开发上，研究者希望研发出能在恶性细胞中逆转异常表观遗传修饰模式的药物。这些变异使癌细胞变得凶猛危险，但同时也使它们对靶向恶性细胞的药物尤为敏感，而相应的正常细胞则不受影响，受其他疾病侵袭的细胞则没有这么多软肋。

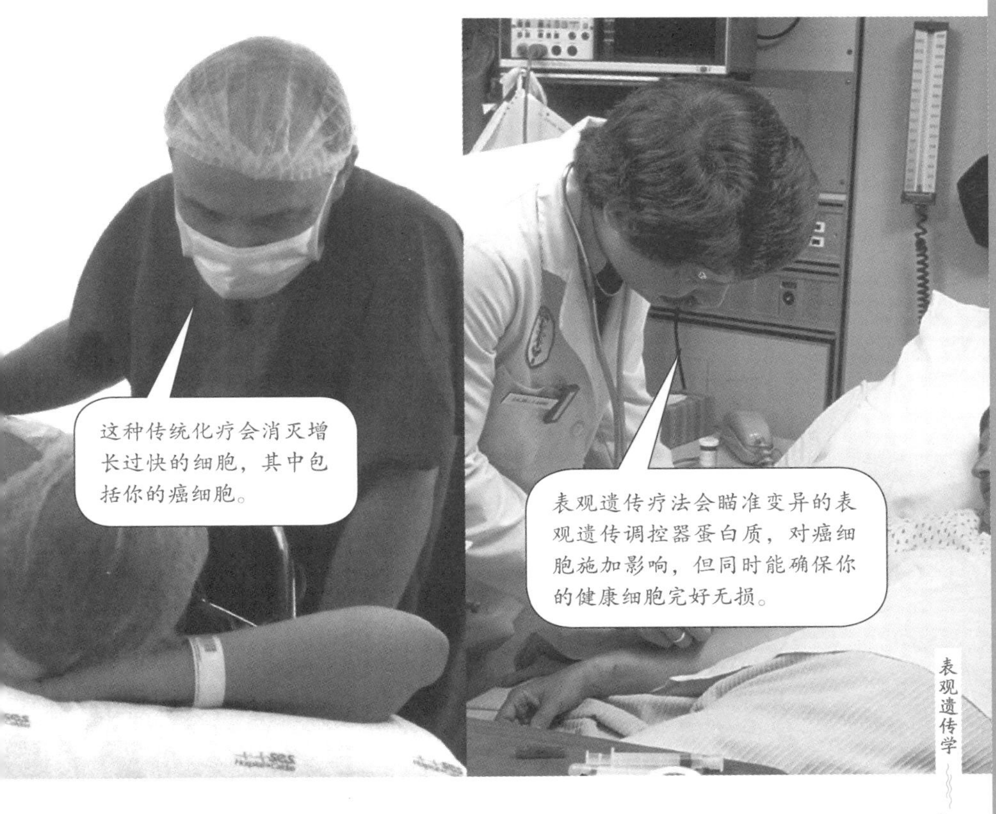

传统的化学疗法
表观遗传疗法
这种传统化疗会消灭增长过快的细胞，其中包括你的癌细胞。
表观遗传疗法会瞄准变异的表观遗传调控器蛋白质，对癌细胞施加影响，但同时能确保你的健康细胞完好无损。

有两种方法可以逆转癌细胞和其他异常细胞中的表观遗传变化。第一种方法是针对异常的表观遗传调控器，它们是引起癌变的根本原因。第二种方法是擦除和重写表观遗传修饰模式。

第二种方法更容易实现，因而发展情况更为理想，但这种方法也有其弊端。例如，有些药物用于移除被意外沉默的 DNA 上的甲基基团，但这种药物会不加辨别地将本应保持沉默的区域内的甲基基团也一并移除。这种缺乏特异性的作用机制会引起如恶心和疲劳等药物副作用。但是，这种非特异性治疗方案的确显示出不错的发展前景。

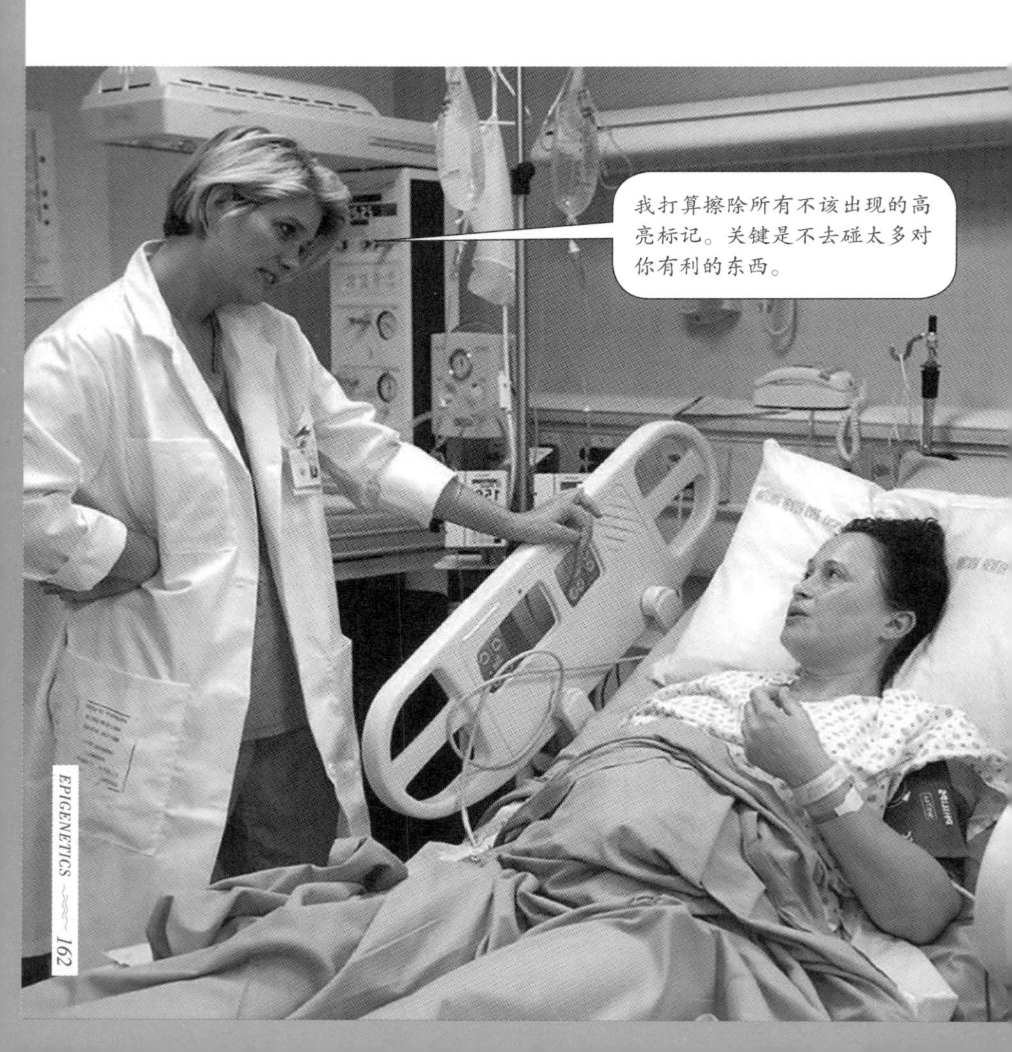

组蛋白去乙酰化酶（histone deacetylase，HDAC）抑制剂可以防止组蛋白尾部的乙酰基被移除。因此，该药物能恢复包括抑癌基因在内的沉默基因的转录，现已获批用于对某些癌症的治疗中。这种药物的疗效可能只局限于带有特定表观遗传异常类型的癌症，但科学家也在进行测试，希望将其应用于对其他疾病的治疗中，如歌舞伎面谱综合征（见第 145 页）。

DNA 甲基转移酶抑制剂（DNA methyltransferase inhibitor）也在持续研发改进。哪怕癌细胞在首轮治疗中幸存，DNA 甲基化模式能稳定遗传的特性（见第 55 页）也能确保药效会持续影响下一代癌细胞。

NON-SPECIFIC THERAPIES

非特异性疗法

HDAC 抑制剂和类似药剂的研发已经取得一些进展，但是疗效却不如最初设想的显著。一些制药公司尝试改进这些非特异性治疗方案，而其他研究者更关注的是那些靶向变异的表观遗传调控器本身、针对性更强的治疗方案。

这种疗法反映出癌症治疗的普遍趋势，以往的非特异性药物针对的是癌细胞共有的特性，如快速繁殖或者 CpG 岛甲基化等，而如今的化学药物则是利用特定变异蛋白质暴露出的漏洞。靶向治疗会给健康细胞造成较少的间接伤害，副作用也更少。

为了更好地解释靶向疗法，我们回顾一下在一些淋巴瘤内发现的 EZH2 变异（见第 160 页）。卡雷塔·克里西和凯文·W. 孔茨带领的团队研发出一种化学药物，这种药物既能阻断极度活跃的变异 EZH2 蛋白起作用，又能保证正常 EZH2 蛋白的功能不受影响。这种药物尚未在癌症病人身上试验，但已在实验室培植的人类淋巴瘤细胞中进行过实验，针对那些被错误沉默的基因，这种药物成功矫正其异常的表观遗传修饰模式，重新激活了基因。最重要的是，这种药物成功减缓了淋巴瘤细胞的增长速度。

至于其他引发癌症的变异表观遗传调控蛋白，相关靶向药物也处于研发过程中，尽管新药从立项开发到审批通过一般需要经历数十年的时间，但我们将拭目以待！

2014—2015 年，西非爆发埃博拉疫情，基于 miRNA 的治疗方法曾被投入试验，可惜初步试验结果不尽如人意。
TOM
uvex
0.5%

基于 miRNA 的治疗方案也在同步研发中，该疗法可以防止信使 RNA 被转录成蛋白质（第 76 ~ 77 页）。未来我们很可能会发明一种人造 miRNA，用于靶向任一相关的 mRNA（以及对应的蛋白质）。潜在目标包括癌细胞中的变异蛋白质、引发多发性硬化症（multiple sclerosis）和其他自身免疫性疾病的抗体、阿尔茨海默病中聚集缠绕的蛋白质，以及引起传染性疾病症状的病毒和细菌蛋白。

基于 miRNA 的治疗方案尚未获准应用于常规治疗，业界对其副作用仍有争议，但这一创新性的尝试有着光明的发展前景。

表观遗传修饰也能用于诊断特定疾病，为医生提供最佳治疗方案的选择建议。当前许多测试治疗方案都是基于蛋白质的，例如，只有在包含大量HER2蛋白质的乳腺癌中，才能使用药物赫塞汀（Herceptin）进行治疗，这种药物能特异性地杀死表面附有HER2蛋白质的细胞。

某些疾病特有的表观遗传变化也可能被应用于研发类似的疗法。例如，有些公司在做粪便样本测试，以检测结肠直肠癌细胞特有的表观遗传变化，研究现有癌症筛查的替代方案。同样，基于表观遗传学的测试也会在未来被用于判断哪些癌症病人会受益于HDAC抑制剂疗法或DNA甲基转移酶抑制剂疗法。基于表观遗传学的测试不像传统方案那样精确具体，但仍在稳步发展。

随着我们深入研究表观遗传变化引发疾病的机制，未来越来越多同类型的试验将会继续深入，甚至获准临床应用。
Wellcome Trust

干细胞疗法

干细胞疗法是医学上的新领域，旨在利用干细胞——人体内未分化的细胞，能产生成熟细胞——来替代受损的成熟细胞和器官。

干细胞疗法有治疗甚至治愈多种人类疾病的潜力。

全能的干细胞能分化成特化的成熟细胞，这个过程通常是单向的。正如我们已经讨论过的，20 世纪 60 年代，约翰·格登称，有可能使用克隆技术来人为逆转细胞分化，并创造新的干细胞（见第 23 ~ 24 页）。然而，将细胞克隆成一个全新的胚胎，以提取这个克隆体的干细胞，这种出于治疗目的而产生新干细胞的做法太低效，更不要说人类克隆所自带的伦理问题。

逆向成熟细胞的特化过程，还有其他方法——在胚胎被植入到子宫前，我们可从非常早期的胚胎中提取人类干细胞。只要取得试管婴儿父母的同意，体外受精（in vitro fertilization，IVF）过程中产生的多余胚胎细胞一般可用。胚胎的干细胞可以在实验室环境下成长和分化，随后被移植到患病或受伤的受体内。

虽然动物实验取得了颇有希望的进展，但人类试验一直受制于细胞稀缺的现实和道德顾虑的因素。还有一种风险是，被移植的细胞没有正常分化，反而演变成癌细胞。另外，因为供体细胞会给受体细胞引入不同基因和蛋白质，受体在接受移植后需要终身服用免疫抑制剂，以防止移植细胞被误认为是外来入侵物质而受到排斥。

这些都是从胚胎干细胞发育而来？
理论上而言，是的。但这种做法会有风险，且饱受争议。

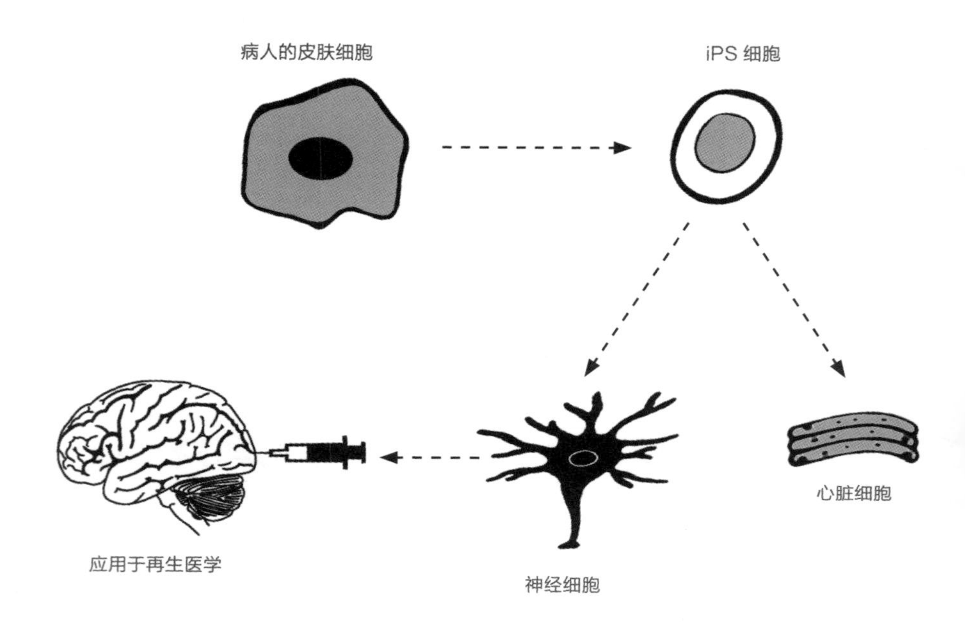

2006 年，日本干细胞生物学家山中伸弥（生于 1962 年）发表论文，公布了他研究出的一种从成年人的成熟细胞中直接创造出干细胞的新方法。他所创造出的诱导性多能干细胞（induced pluripotent stem cell，即 iPS 细胞）与胚胎干细胞类似，能分化成不同类型的成熟细胞。这意味着，我们能用病人的皮肤细胞或血细胞来修复或替代他们的受损组织和器官，这显然为人类胚胎干细胞研究扫除了道德争议和免疫排斥的障碍。

这篇论文的成果似乎美好得让人难以置信，但其他科研团队很快便做了重复实验，并成功验证了结果。山中伸弥与约翰·格登“因发现成熟细胞能被重新编程并成为多功能细胞”，于 2012 年共同获颁诺贝尔生理学或医学奖。

从成熟细胞制造出 iPS 细胞仍是低效的做法，部分原因是逆转细胞分化需要表观遗传修饰模式发生重大改变。例如，天然的胚胎干细胞没有经历 X 染色体失活的过程（见第 96 ~ 97 页）。从成熟 XX 细胞培植出的 iPS 细胞需要与天然的胚胎干细胞越相似越好，那么就需要重新激活沉默的染色体——但拥有 XX 染色体的 iPS 细胞在这一过程仍有缺陷。

同样，虽然 iPS 细胞中也存在体内天然干细胞特有的表观遗传特性，但它们有时仍保留着原成熟细胞类型特有的甲基化模式。这也局限了它们分化为其他类型细胞的能力。

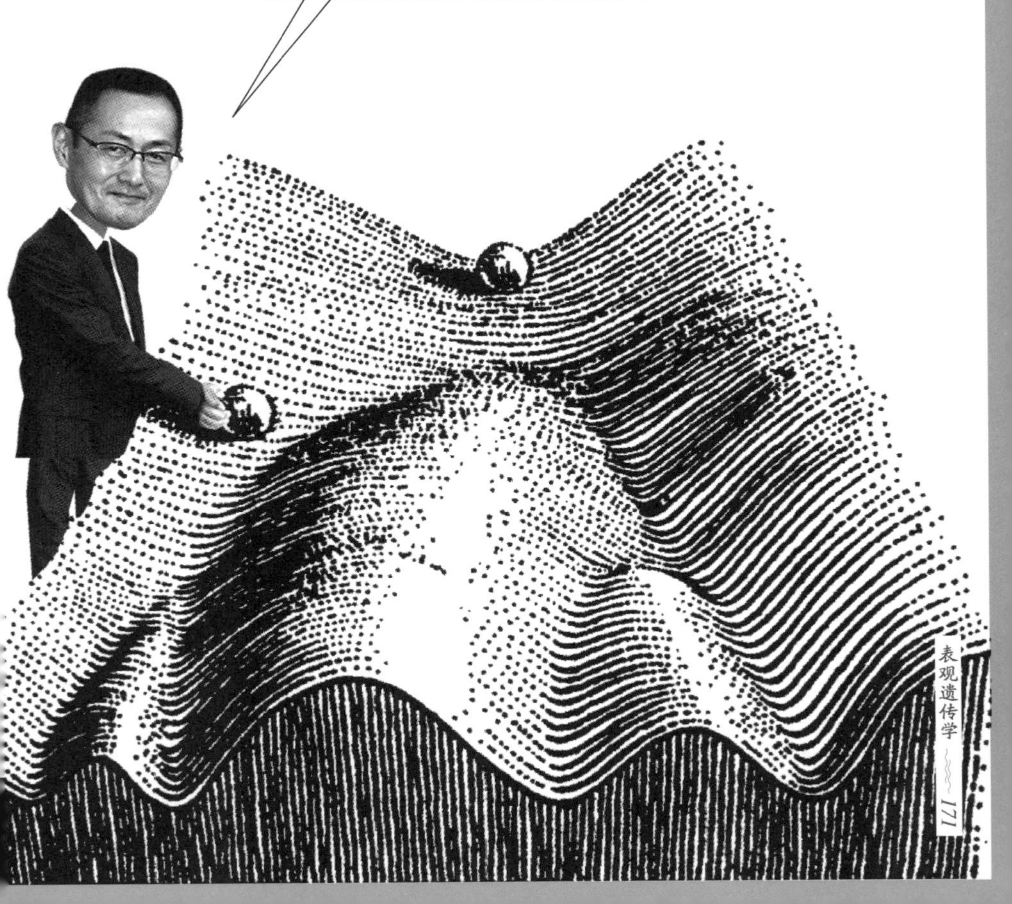

细胞在分化过程中经历了许多表观遗传变化。当从成熟细胞中培植 iPS 细胞时，这些表观遗传变化很难被严格、精确地逆转。

山中伸弥将 4 个转录因子植入到成熟细胞中，获得第一批 iPS 细胞。其中 3 个因子拥有已知的表观遗传功能：Oct4 因子能阻碍组蛋白甲基化，而 c-Myc 和 Klf4 能与组蛋白乙酰化蛋白结合。有证据证明，第四种转录因子 Sox2 也与组蛋白修饰变化有关。

因为过量的 c-Myc 和 Klf4 会引发癌症，制作 iPS 细胞的方法需要替代方案。两支美国科研团队，分别由丁胜和道格拉斯·梅尔顿（生于 1953 年）牵头，在 2000 年后期发现，DNA 甲基化抑制剂、组蛋白甲基化抑制剂或者组蛋白去乙酰化抑制剂能取代上述的某些转录因子。但是这些药物诱导的表观遗传变化也可能会使细胞发生癌变。

移植的 iPS 细胞有可能发生癌变，这是当前阻碍干细胞疗法成为现实的最大瓶颈。

有些动物实验成功运用 iPS 细胞疗法治疗了脊髓损伤和其他病症。日本干细胞研究学者武部贵则和谷口英树也成功利用人类 iPS 细胞培养出部分肝脏组织。

2014 年，日本完成首例 iPS 细胞的人类临床试验——眼科学家高桥雅代利用 iPS 细胞治疗黄斑变性眼疾。如果首例试验的安全性被证实的话，其他试验无疑会接续开展下去。

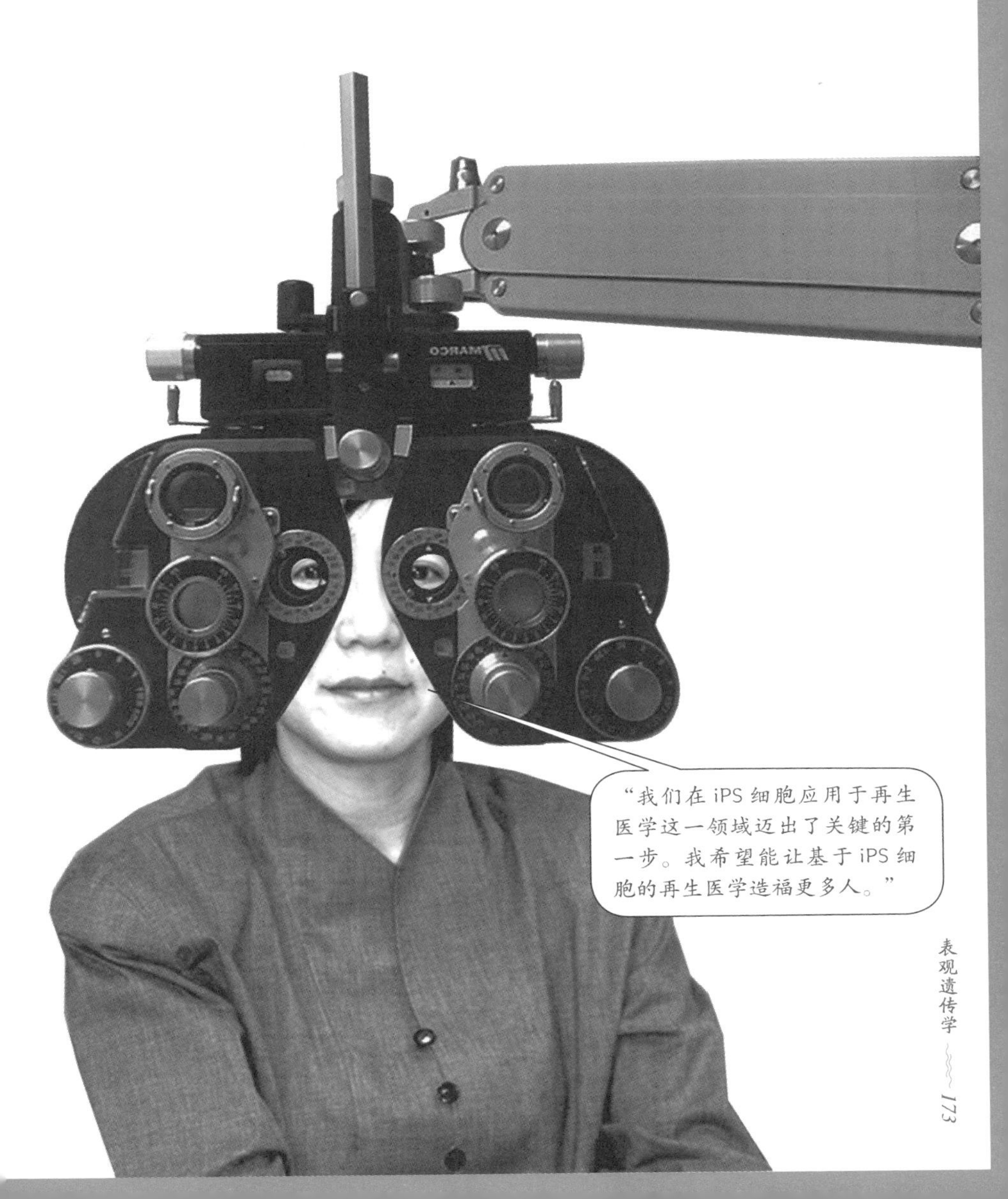

MARCO
“我们在 iPS 细胞应用于再生医学这一领域迈出了关键的第一步。我希望能让基于 iPS 细胞的再生医学造福更多人。”

表观遗传学与伪科学

正如前文所述，科学界基于表观遗传学的治疗方法研究已经取得了激动人心的进展，但将科研成果转变成实质性的医学进展仍需要经历数十年的漫长等待。这也难怪人们会在这段时间内将目光投向主流科学以外的领域。

吃了它，就能逆转你祖母遗传给你的有害表观遗传！

表观遗传学似乎吸引了过多的炒作、过度的解读和伪科学。毕竟，“我们不仅仅由 DNA 序列来决定”这一话题本身就很有说服力。有种特别诱人的说法是，人类能找到凌驾于遗传因素之上的环境因素，用以抵消环境和经历造成的不良影响（包括从父母和祖辈遗传下来的因素）。通过购买营养保健品或其他便捷的方式，人类就能摄入这些对人体有利的环境影响因素——这类说辞太有诱惑力了。

表观遗传学被吹捧为一众伪科学疗法背后的科学依据，如顺势疗法（homeopathy）声称可以通过改变表观遗传修饰来改善健康，又如前世回溯催眠法（past life regression hypnosis）荒谬地解读表观遗传学遗传的研究成果（如荷兰冬季大饥荒和上卡利克斯研究），声称特定的前世记忆具有遗传性。

然而，上述论断并无确凿可信的证据支持。尽管我们了解到，的确存在能影响表观遗传修饰模式的物质，但我们肯定不能断言：“这种草药补充剂能让你遗传的某个有害基因保持沉默。”同样，也不能如传言所说，单靠信念的力量就让特定的基因受到表观遗传调控。抱歉，你想多了。

聚精会神，将你的想法投射到正在制造变异蛋白质的血细胞上。命令它停止变异，你可以做到的。
想法很好啊，但全是胡扯。

展望表观遗传学

表观遗传学领域的研究发展迅猛，应用广泛，吸引了许多处于事业起步期的科学家。这些年轻有为的科学家们有望在广阔的空间里开拓出一片别具特色的科研天地。

表观遗传学是一个方兴未艾的领域，表观遗传调控网络中的组成部分之间如何相互协作、共同控制基因活动，这还有待我们继续探索。迄今为止，本书中列举的研究还谈不上完善、成熟，各个子领域仍在如火如荼地开展研究工作，而且历史经验告诉我们，随着研究的深入，我们肯定需要调整对表观遗传学的现有理解。

表观基因组学

正如生物学的其他领域，DNA 测序技术取得的最新进展加快了表观遗传学的研究步伐。如今，亚硫酸氢盐测序（DNA 甲基化）、染色质免疫沉淀测序（组蛋白修饰）以及 RNA 测序，使表观基因组（epigenome）研究成为可能，即可在完整基因组的水平上研究表观遗传修饰。

国际人类表观基因组合作组织（The International Human Epigenome Consortium，IHEC）和其他合作项目都参与到给数千种正常和病变细胞进行人类表观基因组测序的工作中。全球各地的研究团队都可在网上获取并使用这些数据，以加深我们对表观遗传学的多层次理解，从基因调控、疾病感染性到进化，不一而足。

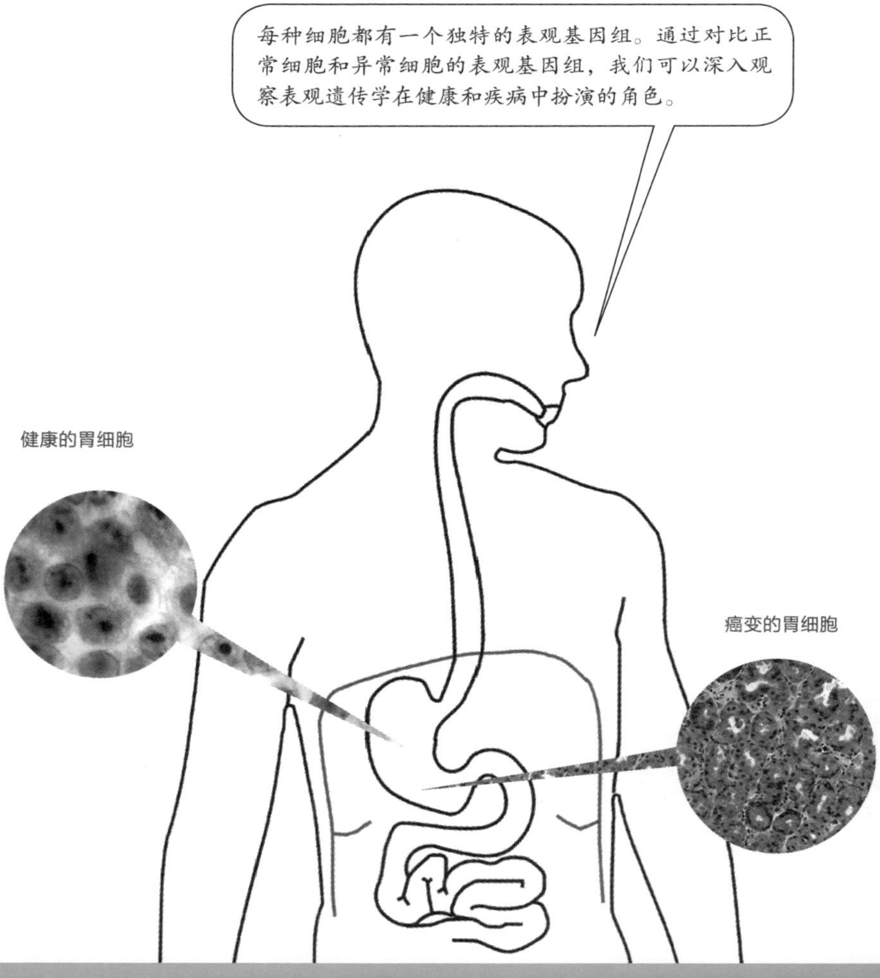

每种细胞都有一个独特的表观基因组。通过对比正常细胞和异常细胞的表观基因组，我们可以深入观察表观遗传学在健康和疾病中扮演的角色。

健康的胃细胞

癌变的胃细胞

表观基因组学面临的最严峻的挑战是，需要用到亚硫酸氢盐测序和染色质免疫沉淀测序的细胞数量庞大。这些需求限制了能被测序的组织类型，尤其是对于正常细胞而言。举个例子，获取在手术中移除的大肿瘤相对容易，但要想从活体捐献者中获取足够多与其匹配的正常组织作为对照组，这就困难得多。

政府和民间科研团队都在开发能利用较少样本完成测序的新型测序方法。有些实验室甚至在单细胞中研究 DNA 甲基化，现有方案评估的是大量细胞的平均价值，相比之下，前者蕴藏着更多有用的信息。

这个基因在这份样本中有50%的区域被甲基化。
好，是所有细胞的其中一条单链都被甲基化，还是只有半数细胞的双链被甲基化？

还有更多？！它们都是干什么用的？

新型表观遗传修饰

随着科学家们陆续发现新型的组蛋白修饰，人们也在新位点发现了已知修饰，组蛋白修饰的种类列表不断得到扩充。新型的 DNA 修饰也陆续被发现。例如，除了甲基化的胞嘧啶碱基外，还有羟甲基胞嘧啶（hydroxymethylcytosine，hmC）、甲酰胞嘧啶（formylcytosine，fC）和羧基胞嘧啶（carboxylcytosine，caC）等分子变体。hmC 已被证实与 DNA 主动去甲基化相关，张毅带领的美国科研队伍发现 fC 和 caC 也发挥着类似的作用。2015 年，尚卡尔·巴拉苏布拉马尼安带领的英国团队发现 fC 还能让 DNA 双螺旋的物理结构更加开放。我们对这些变体仍知之甚少，但对它们的深入研究能帮助我们更好地理解甲基化 DNA 偶尔被重新激活的原因和过程。

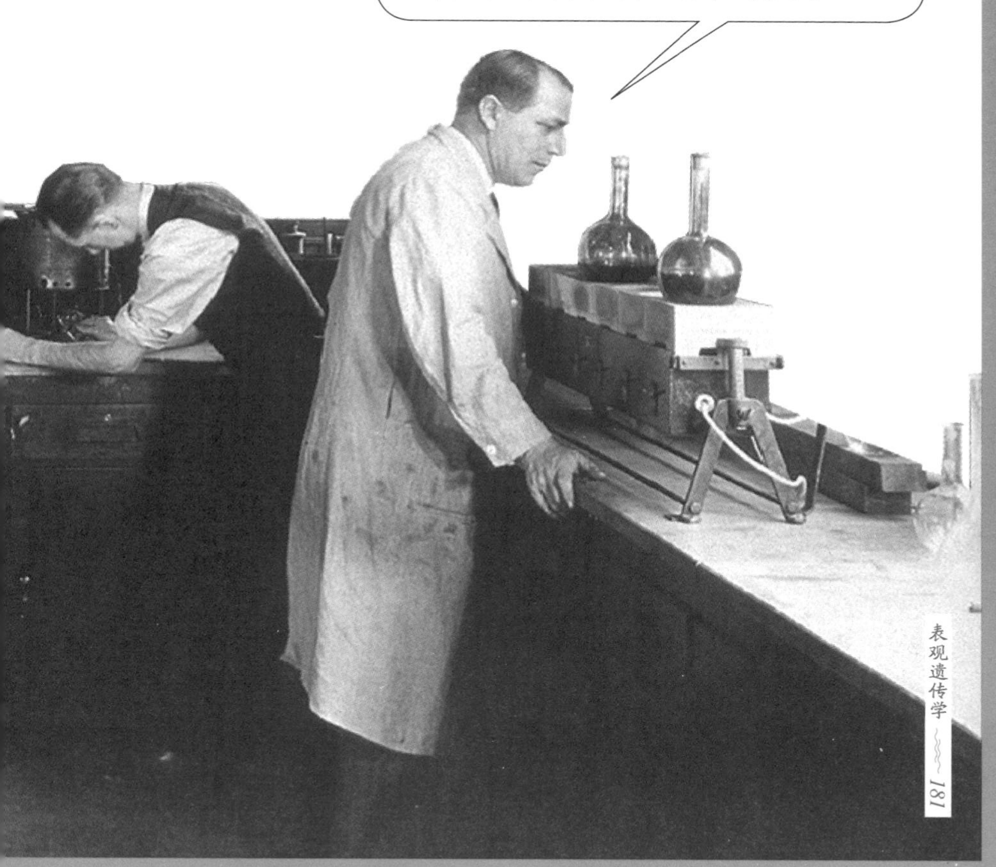

我们不太清楚，但它们会重构我们对表观遗传学的理解。我们需要探索的未知领域还有很多。

何川、施扬、汪海林、陈大华在 2015 年发表了三篇论文，他们认为衣藻、果蝇和线虫体内的腺嘌呤能被甲基化。此前，科学家已经在单细胞细菌中发现甲基化腺嘌呤（methylated A base），它们的作用包括修复 DNA 和抵御病毒。然而，2015 年发表的论文首次证明，这类表观遗传修饰同样存在于多细胞生物中，因此很可能也存在于人体中。我们对甲基化腺嘌呤在表观遗传学中的作用几乎一无所知，这是初步的证据证实它们像甲基化胞嘧啶那样参与到细胞分化过程中，并能与组蛋白修饰相互作用。

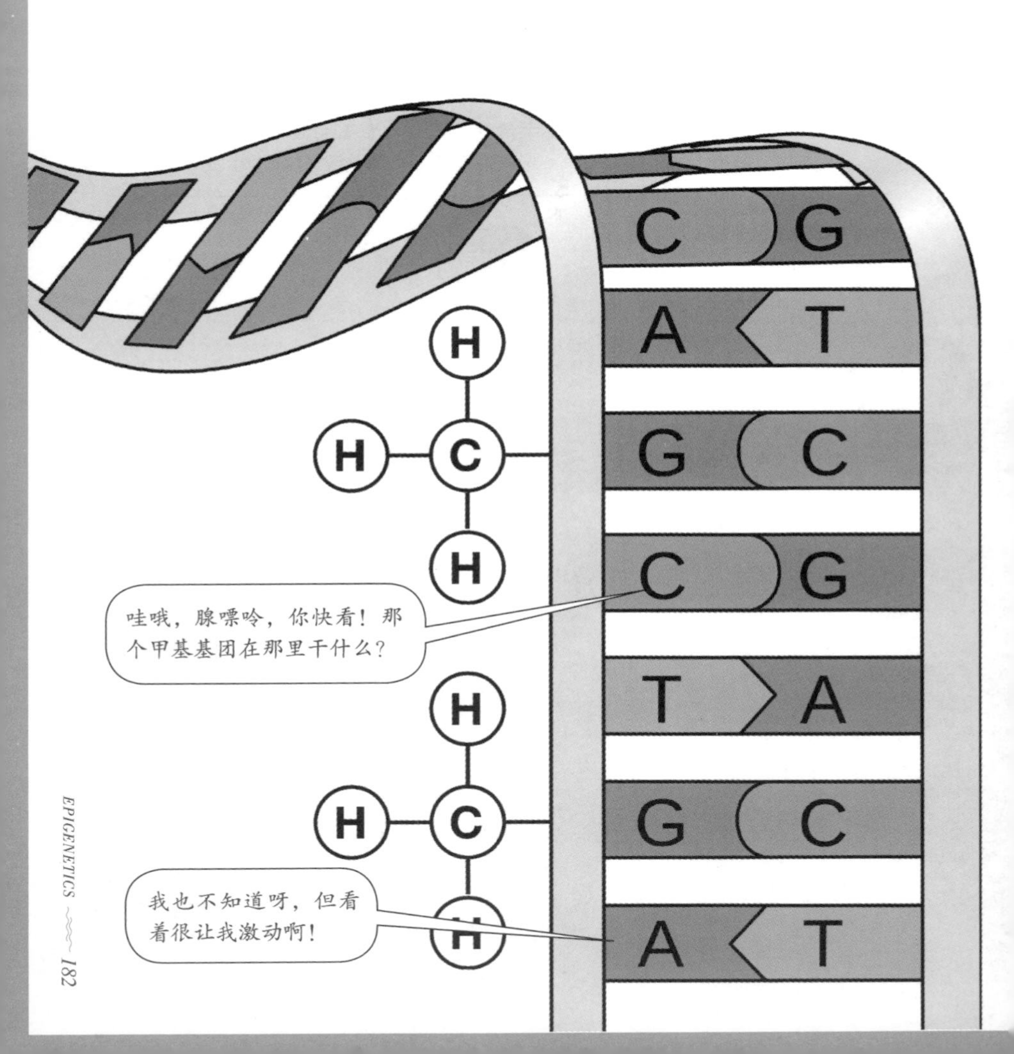

表观转录组学

构成 RNA 的碱基也能被修饰。实际上，至少有上百种 RNA 碱基修饰物。腺嘌呤甲基化似乎与 DNA 的胞嘧啶甲基化最为相似：甲基化过程是可逆的，干细胞有其特有的腺嘌呤甲基化模式，而且这种模式能根据环境信号做出相应调整。

目前，人们尚未发明像亚硝酸氢盐测序这样能直接识别单个甲基化腺嘌呤的方案。但是，类似定位组蛋白修饰这样的技术已经取得有价值的初步进展，能检测出哪些 RNA 链可能被甲基化。

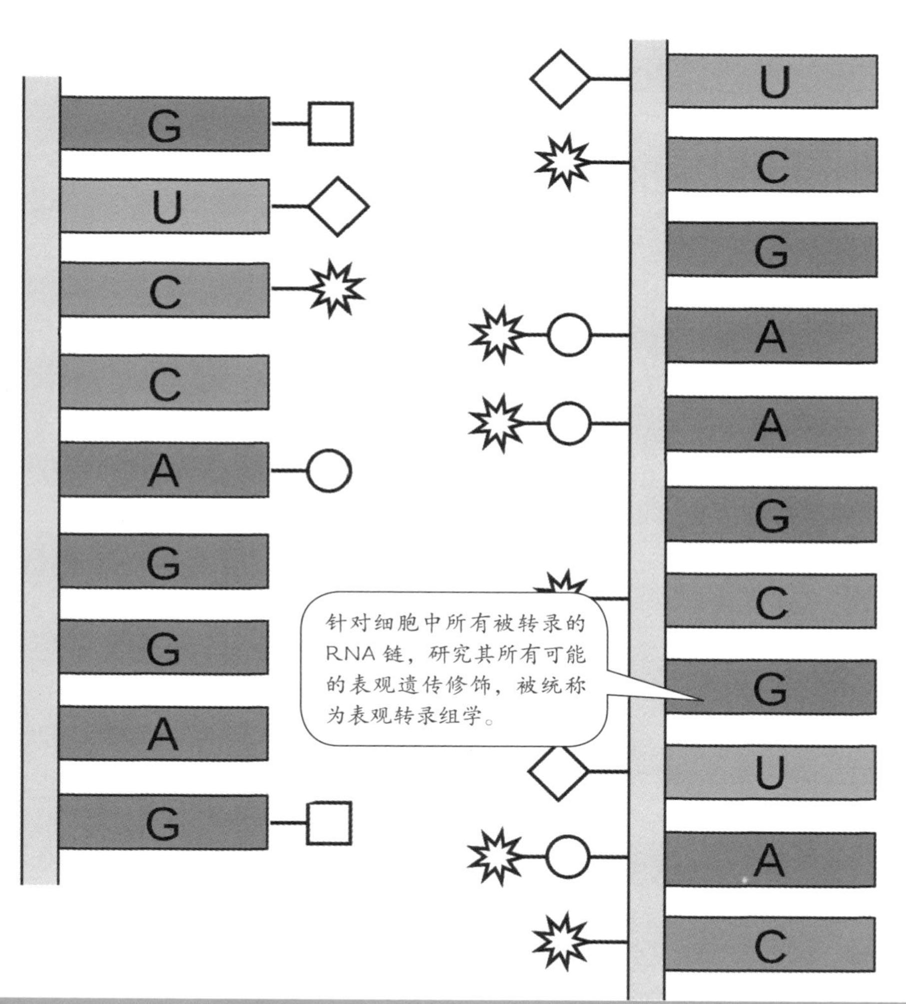
G
U
C
C
A
G
G
A
G
U
C
G
A
A
G
C
G
U
A
C
针对细胞中所有被转录的RNA 链，研究其所有可能的表观遗传修饰，被统称为表观转录组学。

甲基化能修饰 mRNA 的稳定性，转而决定对应蛋白质的丰富性。研究成果表明，一些 miRNA 和蛋白质只与甲基化（或只和非甲基化）RNA 链结合，科研人员据此推测其他可能的作用。有间接的证据证明，RNA 胞嘧啶甲基化能决定 mRNA 前体链的哪一部分该被切割拼接，为最终生成的蛋白质编码，而这种只和甲基化 RNA 结合的现象所产生的其他影响，人们尚不清楚。

表观遗传编辑

基于表观遗传学研发的药物在治疗癌症和其他病症上依然疗效不佳。有些药物能改变细胞中 DNA 甲基化或组蛋白乙酰化的总体数量，而对于能通过表观遗传的方式调控多个目标基因的蛋白质，有些药物能对这类蛋白质起抑制作用（见第 162 ~ 166 页）。然而，传统药物仍做不到选择性地调控某个特定基因。

一个新兴的替代方案是利用基因工程技术合成蛋白质来重新激活或沉默单个基因。这些合成物中融合了转录因子的一部分，使其既能与基因组中的特定序列结合，又能与负责增添或移除 DNA 甲基化或组蛋白修饰的蛋白质结合。

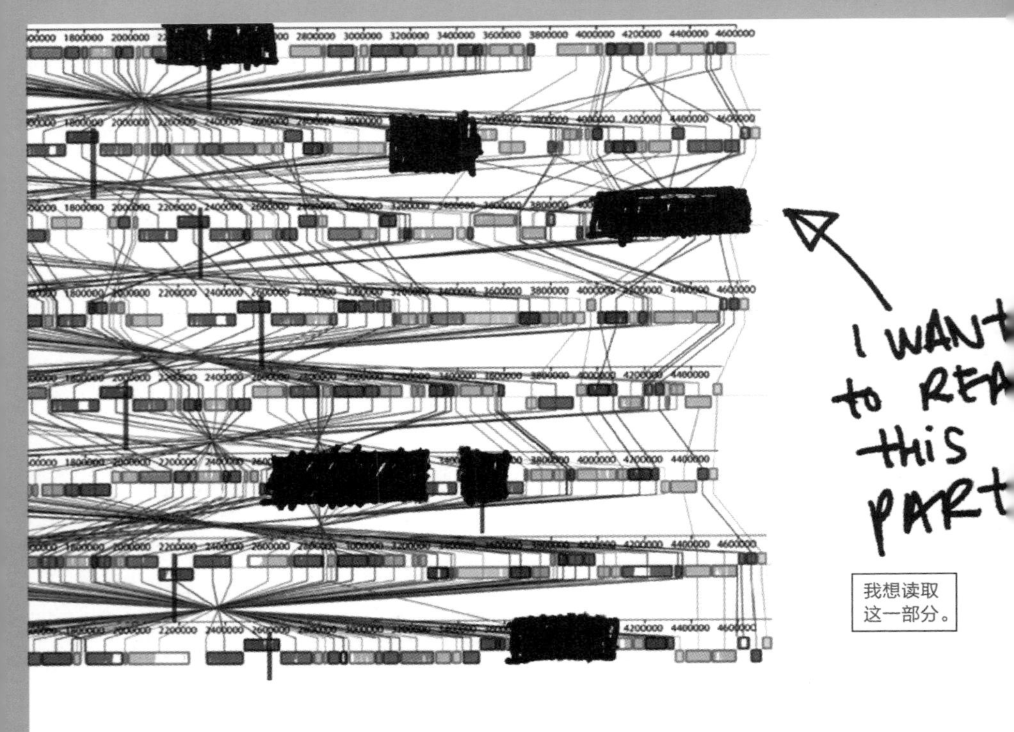
I WANT
to REA
this
PART
我想读取
这一部分。

新型表观遗传编辑技术能改变 DNA 序列信息被读取和翻译的方式，有潜力逆转癌症或其他疾病中常见的有害表观遗传修饰模式。有一项新型 DNA 序列编辑技术名为 CRISPR，科学家将其稍做调整，利用该技术编辑表观遗传修饰，而非直接编辑 DNA 序列。编辑过程中利用的不是转录因子的 DNA 结合区，而是一种名为 Cas9 的蛋白质。Cas9 会与“向导”RNA 链结合，这能帮助它找到互补的 DNA 序列。科学家能将任意碱基序列嵌入到 RNA 链上。合成的表观遗传调控蛋白质包含 Cas9 结合域，它能被指引到任意相关的 DNA 序列，从而激活或抑制特定基因。表观遗传编辑技术至今只在人工培育的细胞中试验过，在被应用到人体上前，这项技术必须通过一系列严格的安全测试。如果该技术最终被证实安全可用，那这种技术有可能治愈涉及基因激活模式变异的癌症或其他疾病。

表观遗传伦理学

表观遗传学研究衍生出特殊的伦理挑战，如病人隐私的泄露风险、针对健康状况的歧视、法律执行、父母抚养方式、将负面经历的影响遗传给下一代的风险等。

科学家通常会与其他研究者共享他们的测序数据，事实上，公开数据是常见的要求。这就潜藏了一个风险：对于为研究捐献细胞的个人而言，表观遗传数据会暴露他们的身份，这对其隐私信息及医疗保险覆盖范围（在某些国家）均有影响。

最初几代的 DNA 测序技术只能读取较短的基因片段。那时人们通常认为，只要将捐献者的姓名、人口学细节信息与测序数据隔离，序列信息本质上就是匿名的。

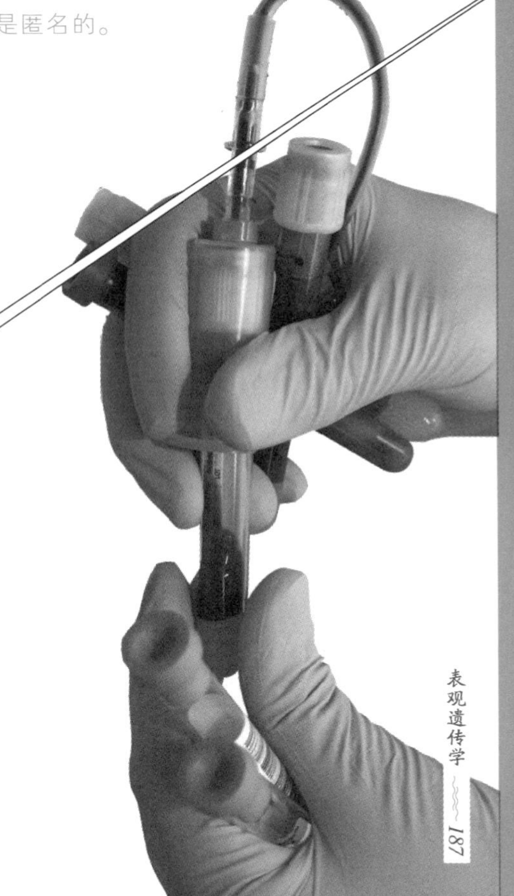

我赌你肯定分不清我俩的 DNA！

这个嘛，我观察到 Y 染色体了，那这个 DNA 肯定是来自一名男性。而这只是个开始……

随着科技发展，测序数据的数量呈现指数级增长——与此同时，我们也能从中解读出越来越多的信息。我们之前提到，有些特定的DNA 序列只能在某类人的遗传信息中发现，这些人的始祖来自某些特定的地理区域。如今，个人也能做私人的 DNA 测序，以深入了解潜在的健康风险或希望追本溯源。有的客户会选择将自己的 DNA 序列数据与他们的真实姓名和家谱图关联在一起。

在上述这些现象以及其他数据类型的助推下，美国计算机科学家亚尼夫·埃利希在 2013 年称，仅通过部分 DNA 序列即有可能推导出某些捐献者的姓氏。

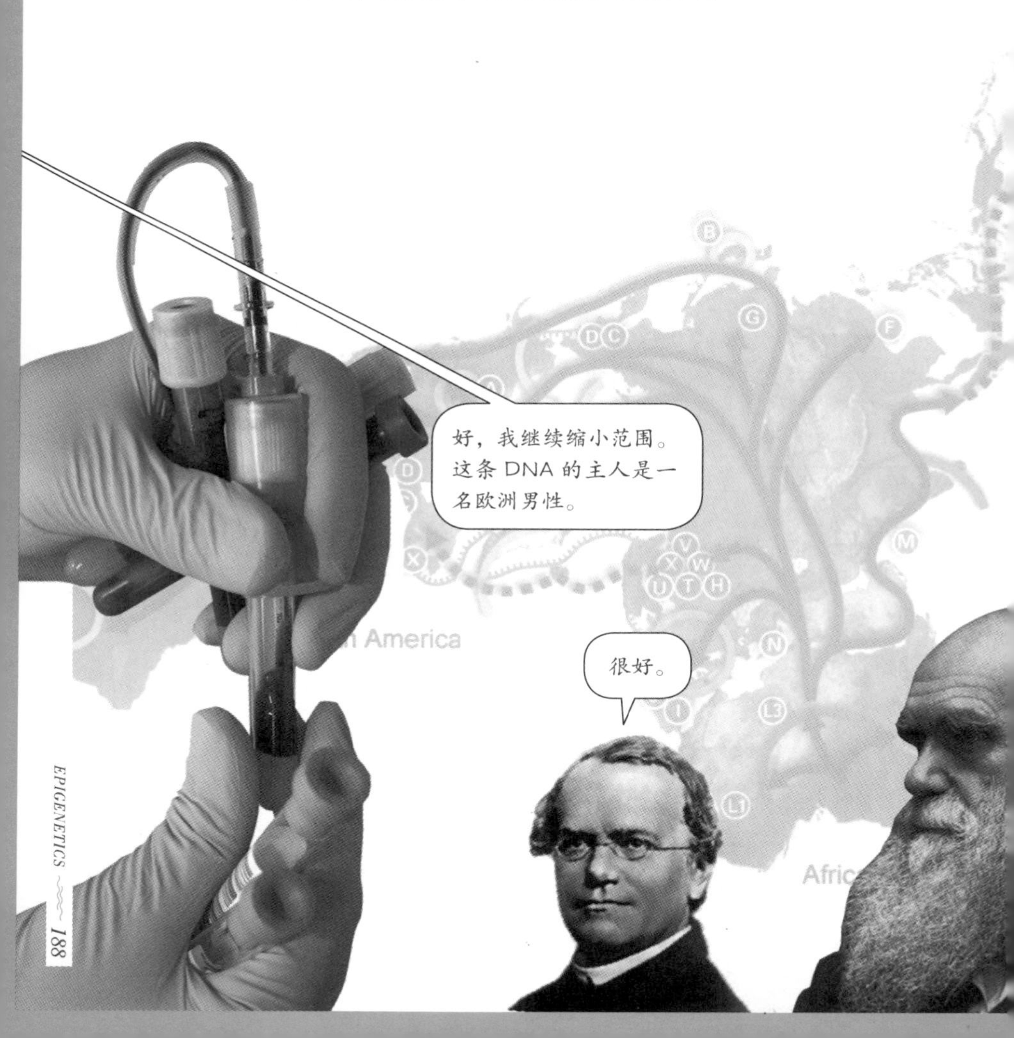

从表观基因组判断个体身份比从基因组推断要难：乙酰化测序改变了某些碱基的特性，而组蛋白修饰和 RNA 测序方法只能捕捉基因组的短片段。但是，随着计算机算法的日渐发展，数据更加公开易得，识别表观遗传研究参与者的身份逐渐成为可能。

表观遗传学研究者需要获取详细的元数据。表观遗传修饰模式会随着年龄和疾病状况而变化，因此研究者需要收集和公布捐献者的大致年龄段、健康状况和其他细节，从而使他们的表观基因组数据更具价值。将这些非常私密的元数据连同测序数据一起公开，这无疑增加了研究参与者的隐私风险。

技术有能力鉴定某些环境因素产生的表观遗传痕迹，这也涉及隐私问题（见第 187 页）。现在我们还做不到通过研究某一表观基因组，就能断言“这个人摄入了太多饱和脂肪”或者“这个人吸食过可卡因”，但未来的发展很难预料。如果监管没有到位，表观遗传数据很可能被应用于犯罪心理画像，或者有人因此面临就业歧视或无法购买医疗保险。

我们仍在设法解决遗传学研究中涉及的许多伦理难题，更毋论表观遗传学了。科学家和伦理学家们将继续就相关问题作研究和讨论，随着我们对科学的深入理解，相信这些讨论也会取得进展。

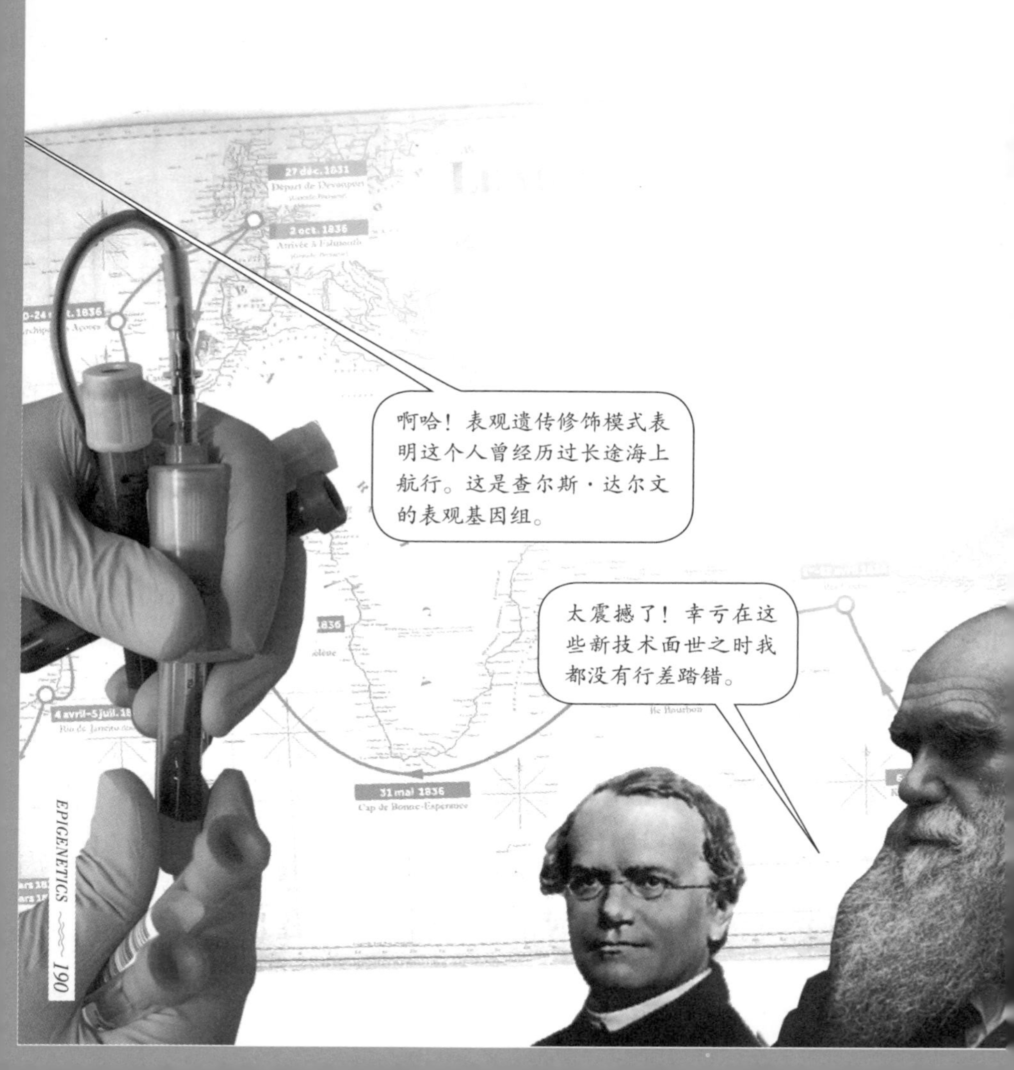

27 déc. 1831
Départ de Devonport
2 oct. 1836
Arrivée à Falmouth
31 mai 1836
Cap de Bonne-Espérance
Ile Bourbon
啊哈！表观遗传修饰模式表明这个人曾经历过长途海上航行。这是查尔斯·达尔文的表观基因组。
太震撼了！幸亏在这些新技术面世之时我都没有行差踏错。

展望未来

科学家们喜欢打趣说，表观遗传学能够并且也将会解释万物。很可惜，有人太把这个玩笑当真了，整个表观遗传学领域很容易被过度解读，有人不切实际地夸大宣传，甚至刻意地歪曲事实。因此，当提及表观遗传学的观点时，专家和民众都需要抱有审慎的态度。

然而，认为表观遗传学能解释万物的玩笑话并不是空穴来风，从胚胎发育、基因调控、遗传、进化到疾病，表观遗传学已经解释了许多问题，填补了我们在遗传学和其他科研课题上的认知空白。科学家耕耘于不同的领域，在全球各地的实验室里开展研究，自从康拉德·沃丁顿首次提出“表观遗传学”的概念后，学界在其后数十年内取得了非常喜人的研究进展。

通过鉴定和研究化学变化，了解这些变化如何影响原始的 DNA 序列在产生 RNA 和蛋白质时的应用，我们得以深入了解生物学的方方面面，同时我们也开始利用这些认知来改善人类健康。

拓展阅读

Introducing Genetics: A Graphic Guide by Steve Jones and Borin van Loon (Icon Books, 2011) .

Introducing Evolution: A Graphic Guide by Dylan Evans and Howard Selina (Icon Books, 2001, 2010) .

The Epigenetics Revolution: How Modern Biology Is Rewriting Our Understanding of Genetics, Disease and Inheritance by Nessa Carey (Icon Books, 2012) .

Herding Hemingway's Cats: Understanding How Our Genes Work by Kat Arney (Bloomsbury Sigma, 2016) .

The Emperor of All Maladies: A Biography of Cancer by Siddhartha Mukherjee (Fourth Estate, 2011) .

作者致谢

非常感谢 Icon Books 出版社的基拉 · 贾米森、奥利弗 · 皮尤以及所有同仁，他们给予我这次创作的机会，并让这本书最终面世！我也想感谢凯瑟琳 · 安德森给我提供了极佳的建议（和美酒）。

我也很感激大卫 · 吉莱斯皮和迪克西 · 马杰指导我的研究和写作。感谢马丁 · 赫斯特、马尔科 · 马拉、史蒂夫 · 琼斯、伊南奇 · 比罗尔、萨姆 · 阿帕里西奥、大卫 · 亨茨曼，以及多米尼克 · 斯托尔、乔安妮 · 约翰逊、罗宾 · 罗斯科和 GSC 项目组的其他成员，感谢你们让我有机会在这个超酷的遗传学和表观遗传学项目中工作。

同样，感谢国际人类表观基因组合作组织（IHEC）传播工作组的同事们，感谢你们让凌晨 5 点半的电话会议充满欢乐（当然，那是在茶歇之后）；感谢埃文 · 阿姆森、埃丽卡 · 邱莱、斯蒂芬 · 柯里、亨利 · 吉、理查德 · 格兰特、鲍勃 · 奥哈拉、弗兰克 · 诺曼、珍妮 · 罗恩、斯特菲 · 苏尔、理查德 · 温特尔和奥卡姆角落 / 奥卡姆打字机博客的其他团队成员和朋友们，感谢你们这些年来给予的支持和有用建议；同样感谢简 · 奥哈拉、安妮 · 斯坦和苏珊 · 维克斯；还要感谢“来写点什么吧”温哥华周六晨会的成员。

我还要感谢安、汤姆和克莱尔 · 邓恩，感谢我的好丈夫马克 · 恩尼斯和他的所有家人，感谢他们几十年如一日的关爱和支持。

凯丝·恩尼斯在遗传学、基因组学和癌症领域拥有丰富的研究背景，如今她定居于加拿大的温哥华市。

插画师

奥利弗·皮尤是《图说无限性》（*Introducing Infinity*）和《图说粒子物理学》（*Introducing Particle Physics*）的设计师和插画师。

图书在版编目（CIP）数据

表观遗传学 / （加）凯丝·恩尼斯（Cath Ennis）著；（英）奥利弗·皮尤（Oliver Pugh）绘；区颖怡，皮兴灿译. -- 重庆：重庆大学出版社，2019.11

书名原文：INTRODUCING EPIGENETICS：A GRAPHIC GUIDE

ISBN 978-7-5689-1845-9

Ⅰ. ①表… Ⅱ. ①凯… ②奥… ③区… ④皮… Ⅲ. ①表观遗传学—青少年读物 Ⅳ. ①Q3-49

中国版本图书馆CIP数据核字（2019）第244537号

表观遗传学

BIAOGUAN YICHUANXUE

〔加〕凯丝·恩尼斯（Cath Ennis） 著

〔英〕奥利弗·皮尤（Oliver Pugh） 绘

区颖怡 皮兴灿 译

懒蚂蚁策划人：王 斌

策划编辑：张家钧

责任编辑：张家钧 版式设计：原豆文化

责任校对：邹 忌 责任印制：张 策

*

重庆大学出版社出版发行

出版人：饶帮华

社址：重庆市沙坪坝区大学城西路21号

邮编：401331

电话：（023）88617190 88617185（中小学）

传真：（023）88617186 88617166

网址：http://www.cqup.com.cn

邮箱：fxk@cqup.com.cn（营销中心）

全国新华书店经销

重庆市国丰印务有限责任公司印刷

*

开本：880mm × 1240mm 1/32 印张：6.25 字数：227千

2019年11月第1版 2019年11月第1次印刷

ISBN 978-7-5689-1845-9 定价：39.00元

版贸核渝字（2018）第 217 号